Changsha Ligong Daxue Jixu Jiaoyu Xueyuan

长沙理工大学继续教育学院

Chengren Hanshou Jiaoyu Biye Sheji(Lunwen) Zhidaoshu

成人函授教育毕业设计(论文)指导书

长沙理工大学继续教育学院　编

人民交通出版社

内 容 提 要

本书主要介绍了长沙理工大学继续教育学院成人函授教育毕业设计(论文)的立题、写作方式和论文要求,专业涵盖设计类,理论研究类,试验研究类,计算机软件类,经济、管理及文法学类,对成人教育(函授)学生编写毕业论文具有很好的指导作用。

本书可供大专院校继续教育学院和成人教育学院学生参考使用。

图书在版编目(CIP)数据

长沙理工大学继续教育学院成人函授教育毕业设计(论文)指导书/长沙理工大学继续教育学院编. —北京:人民交通出版社,2012.11

ISBN 978-7-114-10162-5

Ⅰ.①长… Ⅱ.①长… Ⅲ.①毕业设计-成人高等教育-教学参考资料②毕业论文-写作-成人高等教育-教学参考资料 Ⅳ.①G642.477

中国版本图书馆 CIP 数据核字(2012)第 250278 号

书　　名:长沙理工大学继续教育学院成人函授教育毕业设计(论文)指导书
著 作 者:长沙理工大学继续教育学院
责任编辑:岑　瑜　黎小东
出版发行:人民交通出版社股份有限公司
地　　址:(100011)北京市朝阳区安定门外外馆斜街 3 号
网　　址:http://www.ccpress.com.cn
销售电话:(010)59757973
总 经 销:人民交通出版社股份有限公司发行部
经　　销:各地新华书店
印　　刷:北京市密东印刷有限公司
开　　本:787×1092　1/16
印　　张:6.5
插　　页:4
字　　数:98 千
版　　次:2012 年 11 月　第 1 版
印　　次:2017 年 10 月　第 4 次印刷
书　　号:ISBN 978-7-114-10162-5
定　　价:18.00 元

目　录

第一部分　长沙理工大学继续教育学院成人函授教育毕业设计(论文)指导书

第二部分　长沙理工大学继续教育学院土木工程、道路桥梁工程技术专业道路勘察设计指导书

第三部分　长沙理工大学继续教育学院土木工程、道路桥梁工程技术专业路基路面综合设计指导书

第四部分　长沙理工大学继续教育学院毕业设计(论文)选题

附　　件

第一部分

长沙理工大学继续教育学院成人函授教育毕业设计(论文)指导书

一、总则

毕业设计(论文)是成人教育人才培养计划的重要组成部分,是高等教育教学过程中重要的实践教学环节,是对大学所学相关知识的学习深化与提高的重要过程,是人才培养质量全面、综合的检验,是学生毕业及学位资格认证的重要依据。毕业设计(论文)的目的是培养学生科学的思维方式和正确的思想理念,综合运用所学理论、知识和技能分析和解决本专业实际问题的能力;培养学生调查研究、检索和阅读文献资料、综合分析、设计和计算、试验研究、数据处理、计算机应用、归纳推理和正确表达等方面的能力;培养学生树立严肃认真的工作作风、实事求是的科学态度和应有的职业道德。毕业设计(论文)安排在最后一学期,所需时间为:本科生 10~12 周,专科生 8~10 周。

毕业设计(论文)包括:设计类、理论研究类、试验研究类、计算机软件类、经济、管理及文法学类。毕业设计(论文)一般不少于 10 000 字(本科)和 8 000 字(专科),文科类、经管类、法学类的毕业论文正文字数不得少于 6 000 字(本科)和4 000 字(专科)。其基本要求如下。

(1)设计类(包括土建工程、电气信息、机械、建筑、水利港口、设计艺术等):学生必须独立绘制完成一定数量的图纸,工程图除可采用计算机绘图外,也可采用手工绘图。

(2)理论研究类(理科):根据课题提出问题、分析问题,提出方案并进行建模、仿真和设计计算等。

(3)试验研究类:学生要独立完成一个完整的试验,取得足够的试验数据,试验要有探索性,而不是简单重复已有的工作。

(4)计算机软件类:学生要独立完成一个软件或较大软件中的一个模块,要有足够的工作量;要写出软件说明书或论文;毕业设计(论文)中,如涉及有关电路方面的内容时，必须完成调试工作，要有完整的测试结果和给出各种参数指标；当涉及有关计算机软件方面的内容时，要进行计算机演示程序运行和给出运行结果。

(5)经济、管理及文法类：紧密结合学生工作实际，利用所学的理论知识，撰写一篇观点正确、分析深入、条理清晰的专题论文。

二、对学生的要求

(1)学生应重视毕业设计(论文)工作，努力学习、刻苦钻研、勤于实践、勇于创新，在规定的时间内保质保量完成毕业设计(论文)的任务。

(2)尊敬师长，团结协作，严格遵守各项规章制度，虚心接受教师和有关技术人员的指导，定期与指导教师沟通，听取指导教师对毕业设计(论文)工作的意见，主动接受指导教师的检查。

(3)独立完成毕业设计(论文)工作，严禁抄袭、套用他人成果。如有抄袭、代做等学术不端行为，一经查实，其毕业设计(论文)无效，推迟毕业的时间，其毕业设计(论文)与下一年级同专业一起完成。

(4)毕业设计(论文)在老师批阅和答辩后，如有错误之处学生应予以改正，最终提交的成果，应是修改完善后的材料。

三、毕业设计(论文)选题

恰当的选题是搞好毕业设计(论文)的前提，对毕业设计(论文)的教学质量有着直接的影响。

1.选题要求

(1)应符合专业培养目标及教学基本要求，要有利于巩固、深化和扩展学生所学知识，使学生在毕业设计(论文)工作过程中得到科学研究(设计)能力的基本训练。毕业设计(论文)题目应和专业方向一致，例如会计学专业学生应选择财务会计相关题目。

(2)应尽可能结合生产实际、科学研究以及社会经济发展的需要。工科专业以设计类题目为主，目的在于强化工程意识，培养工程实践能力。经管文法类专业，应紧密结合当前实践中问题进行分析探讨，强化分析问题、解决问题的能力。

2. 选题原则

(1)毕业设计(论文)题目原则上一人一题，独立完成。对于个别专业，如需几位学生共同采用同一个大题目，则要求每一个学生独立完成一个小专题(即一个副标题)。

(2)题目一般由论文指导书给定或指导教师拟出，学生选做；也可由学生结合本单位的生产实际提出毕业设计(论文)题目。凡学生提出毕业设计(论文)题目，应经指导老师同意。

(3)学生选题时，要考虑题目意义、本人兴趣、基础条件，本人实际能力等因素。

(4)学生选题最终经函授与远程教育部审核批准后执行。已经批准的题目不得随意更改，更改题目必须经相应审批程序后方可生效。

四、毕业设计(论文)撰写内容

一份完整的毕业设计(论文)的内容，应包括：论文题目、摘要、关键词、目录、正文(正文部分包括：绪论、论文主体、结论)、参考文献、致谢、附录(视具体情况而定)。

1. 论文题目

论文题目应简短、明确、有概括性。通过论文题目，能大致了解毕业设计(论文)内容、专业特点和学科范畴。论文题目字数要适当，一般不宜超过20个字。如果有些细节必须放进论文题目，为避免冗长，可分成主标题和副标题。

2. 摘要

摘要又称内容提要，它应以浓缩的形式概括毕业设计(论文)的内容、方法和观点，以及取得的成果和结论。摘要应反映整个内容的精华，以300字左右为宜。撰写摘要时应注意以下几点：

(1)表达语言应精练、概括，每项内容均不宜展开论证或说明。

(2)要客观陈述，不宜加主观评价。

(3)研究内容和结论性字句是摘要的重点,以突出设计(论文)的全貌。

(4)要独立成文,选词用语要避免与全文尤其是前言和结论部分雷同。

(5)摘要可简要分为立题的意义、主要研究内容、主要研究成果及可推广应用的范围等三部分。

3. 关键词

关键词是检索使用的主题词条,应采用设计(论文)中能覆盖设计(论文)主要内容的通用技术词条(参照相应的技术术语标准),不得自造关键词。关键词一般为3~5个,按词条外延层次(学科目录分类)由高至低顺序排列。注意:"问题"、"对策"、"研究"等通用词语不是设计(论文)关键词。

4. 目录

目录按三级标题编写,要求层次清晰,要与正文标题一致,且要列示标题所在页码。目录中应包括:绪论(前言)、设计(论文)主体、结论、参考文献、致谢、附录(视具体情况而定)等。

5. 正文

毕业设计(论文)正文部分包括:绪论(前言)、论文主体、结论。

(1)绪论(前言)。绪论(前言)应说明毕业设计(论文)选题的背景、目的、意义、研究范围及应达到的技术要求;简述本研究课题在国内外的发展概况及存在问题,阐述本研究课题应解决的主要问题。虽然摘要和绪论(前言)内容大体相同,但仍有较大区别,主要在于:摘要一般写得高度概括、简略,绪论(前言)则应具体;摘要可以作笼统表达,而绪论(前言)则应明确表达;摘要不写选题的缘由,而绪论(前言)则应明确反映;在文字量上一般是绪论(前言)较多。

(2)论文主体。论文主体是毕业设计(论文)作者对研究工作的详细表述,是毕业设计(论文)的主要部分。其内容主要应包括:问题的提出,研究工作的基本前提、假设和条件;模型的建立,试验方案的拟定;基本概念和理论基础;设计计算的主要方法和内容;试验方法、内容及其分析;理论论证,理论在研究工作中的应用,研究工作得出的结果,以及对结果的讨论等。论文主体文字应简练、通顺、层次清楚、重点突出。

(3)结论。结论包括对整个研究工作进行归纳和综合而得出的总结,还包括所得结果与已有结果的比较和本课题尚存在的问题，以及进一步开展研究的见解与建议。结论集中反映作者的研究成果，表达作者对所研究的课题的见解，是全文思想精髓，是文章价值的体现。结论应写得概括、简短。

6. 参考文献

参考文献是毕业设计（论文）不可缺少的组成部分，它是作者在进行毕业设计（论文）工作中所阅读和参考过的资料，反映毕业设计（论文）的取材来源、研究方向。一份完整的参考文献也是向读者提供的一份有价值的信息资料。

7. 致谢

致谢应以简短的文字，对毕业设计（论文）的指导老师和毕业设计（论文）撰写过程中给予帮助的人员，表示自己的谢意。这不仅是一种礼貌，也是对他人劳动的尊重。致谢要简洁、实事求是，切忌浮夸和庸俗之词。

8. 附录

对于一些不宜放在正文中，但有参考价值的内容，可编入毕业设计（论文）的附录中。例如，过长的公式推导、重复性的数据、图表、程序全文及其说明等。

五、毕业设计（论文）文档规范

毕业设计（论文）内容体现学生的写作水平，而毕业设计（论文）文档规范则体现学生的写作态度。毕业设计（论文）必须严格按照以下毕业设计（论文）文本格式及要求进行撰写。

（一）书写

论文一律由学生本人在计算机上输入、编排并打印在 A4 幅面白纸上，设计图纸、表格等根据要求也可采用 A3 幅面白纸打印；汉字必须使用国家公布的规范字。

（二）字体和字号

论文题目：小一号黑体

章标题(一级标题):小二号黑体

节标题(二级标题):小三号黑体

条标题(三级标题):四号黑体

正文:小四号宋体

页码:小五号宋体

数字和字母:Times New Roman 体

(三)论文页面设置

(1)页边距:上边距为 25mm;下边距为 20mm;左边距为 30mm;右边距为 20mm;行间距为 1.5 倍行距,标准字符间距。

(2)页码的书写要求:论文页码从绪论部分开始,至致谢,用阿拉伯数字连续编排,页码位于页脚居中。封面、扉页、摘要和目录不编入论文页码。

(四)设计(论文)具体格式要求

1. 封面及扉页

封面及扉页应按长沙理工大学继续教育学院统一格式撰写,见附件一(学生可在学院的网上下载)。

2. 中文摘要

中文摘要包括:论文题目(小一号黑体)、“摘要”字样:(位置居中,小二号黑体)、摘要正文(小四号宋体)和关键词。

摘要正文下空一行打印“关键词”三字(小四号黑体),后加冒号。关键词一般为 3 ~5 个(小四号宋体),每一关键词之间用分号分开,最后一个关键词后不加标点符号。

3. 目录

目录格式为:上空一行小二号黑体居中打印“目录”二字后,下空一行。目录按三级标题编写,要求层次清晰,且要与正文标题一致,主要包括:绪论、正文主要层次标题、参考文献、致谢及附录(试具体情况而定)等。建议按(1……、1.1……、1.1.1……)格式编写;目录中各章题序的阿拉伯数字用 Times New Roman 体,第一级标题用小四号黑体,其余用小四号宋体。

4. 正文

(1)章节及各章标题

正文是毕业设计(论文)的主要组成部分,题序层次是其结构的框架。毕业设计(论文)撰写通行的题序层次常见有五种格式(实际使用中可能有些小异),如表1-1所示。

论文正文题序层次格式 表1-1

第一种	第二种	第三种	第四种	第五种	说明
1.……	一、……	第一章……	第一章……	第一篇……	一级题序
1.1……	(一)……	一、……	第一节……	第一章……	二级题序
1.1.1……	1.……	(一)……	一、……	第一节……	三级题序
1.1.1.1……	(1)……	1.……	(一)……	一、……	四级题序
			1.……	(一)……	五级题序
				1.……	

正文格式是保证毕业设计(论文)结构清晰、纲目分明的编辑手段。撰写毕业设计(论文)时,可任选其中一种格式,但所采用的格式必须符合表1-1的规定并前后统一,不得混杂使用。

毕业设计(论文)正文应分章节撰写,每章应另起一页。各章标题应突出重点、简明扼要。字数一般为15字以内,不得使用标点符号。标题中应尽量不采用英文缩写词;对必须采用者,应使用本行业的通用缩写词。

(2)层次

毕业设计(论文)的全部标题层次,应有条不紊,整齐清晰,相同的标题层次应采用统一的体例,正文中各级标题下的内容应同各自的标题相对应,不应有与标题无关的内容。章节编号方法应采用分级数字编号方法,第一级为“1”、“2”、“3”等,第二级为“2.1”、“2.2”、“2.3”等,第三级为“2.2.1”、“2.2.2”、“2.2.3”等,但分级阿拉伯数字的编号一般不超过四级。各层标题均单独占行书写,第一级标题小二号黑体居中书写;第二级标题序数顶格书写,空一格接写标题,二级标题小三号黑体书写;第三级和第四级标题均空两格书写序数,空一格写标题,用四号黑体书写。第四级以下单独占行的标题须采用A、B、C、…和a、b、c、…两层,标题均空两格书写序数,空一格写标题。正文中对总项包括的分项采用(1)、(2)、(3)、…的序号,对分项中的小项采用①、②、③、…的序号,数字加半括号或括号后，不再加其他标点。

(3)插图与表格

毕业设计(论文)的插图应与文字紧密配合，文图相符，技术内容正确。选图要力求精练，插图应符合国家标准及行业标准。每幅插图均应有图题(由图号和图名组成)。图号按章编排，如第一章第一幅插图的图号为"图1.1"等。图题置于插图下，用五号宋体。如有图注或其他说明时，应置于图题之上，用小五号宋体。图名在图号之后空一格排写。引用插图应说明出处，在图题右上角加引用文献号。插图中若有分图时，分图号用(a)、(b)等置于分图之下。

每个表格应有自己的表序和表题，并应在文中进行说明，例如："如表1-1"。表序一般按章编排，如第一章第一个表的序号为"表1-1"等。表序与表名之间空一格，表名中不允许使用标点符号，表名后不加标点。表序与表名置于表上居中(五号宋体加粗，数字和字母为五号 Times New Roman 体加粗)。

(4)其他

毕业设计(论文)中的科技名词术语及设备、元件名称等，应采用国家标准或行业标准中规定的术语或名称。毕业设计(论文)中某一量的名称和符号应统一。采用英语缩写词时，除本行业广泛应用的通用缩写词外，文中第一次出现的缩写词应该用括号注明英文全称。

公式应另起一行并居中，公式和编号之间不加虚线。当公式较长时，最好在等号"="处转行；如难实现，则可在+、-、×、÷运算符号处转行，运算符号应写在转行后的行首，公式的编号用圆括号括起来放在公式右边行末。公式序号按章编排，如第一章第一个公式序号为"(1-1)"，附录A中的第一个公式为"(A-1)"等。

在数字方面，除习惯用中文数字表示的以外，一般均采用阿拉伯数字。年份一概写完整，如2012年不能写成12年。

5.参考文献

参考文献的格式应符合国家标准《文后参考文献著录格式》(GB 7714—87)。以"参考文献"居中排作为标识(小二号黑体)；参考文献的序号左顶格，并用数字加方括号表示，如[1]、[2]、…，以与正文中的指示序号格式一致。每一条参考文献以黑点号"."结束。各类参考文献条目的编排格式及示例如下。

(1)连续出版物

[序号]主要责任者.文献题名[J].刊名,出版年份,卷号(期号):起止页码.

例如:[1]毛峡,丁玉宽.图像的情感特征分析及其和谐感评价[J].电子学报,2001,29(12A):1923-1927.

(2)专著

[序号]主要责任者.文献题名[M].出版地:出版者,出版年:起止页码.

例如:[3]刘国钧,王连成.图书馆史研究[M].北京:高等教育出版社,1979:15-18,31.

(3)会议论文集

[序号]主要责任者.文献题名[A]//主要责任者.论文集名[C].出版地:出版者,出版年:起止页码.

例如:[4]毛峡.绘画的音乐表现[A]//中国人工智能学会.中国人工智能学会2001年全国学术年会论文集[C].北京:北京邮电大学出版社,2001:739-740.

(4)学位论文

[序号]主要责任者.文献题名[D].保存地:保存单位,年份.

例如:[5]张和生.地质力学系统理论[D].太原:太原理工大学,1998.

(5)报告

[序号]主要责任者.文献题名[R].报告地:报告会主办单位,年份.

例如:[6]冯西桥.核反应堆压力容器的LBB分析[R].北京:清华大学核能技术设计研究院,1997.

(6)专利文献

[序号]专利所有者.专利题名[P].专利国别:专利号,发布日期.

例如:[7]姜锡洲.一种温热外敷药制备方案[P].中国专利:881056078,1983-08-12.

(7)国际、国家标准

[序号]标准代号,标准名称[S].出版地:出版者,出版年.

例如:[8]GB/T 16159—1996,汉语拼音正词法基本规则[S].北京:中国标准出版社,1996.

(8)报纸文章

[序号]主要责任者.文献题名[N].报纸名,出版日期(版次).

例如:[9]毛峡.情感工学破解“舒服”之谜[N].光明日报,2000-4-17(B1).

(9)电子文献

[序号]主要责任者.电子文献题名[文献类型/载体类型].电子文献的出版或可获得地址,发表或更新的期/引用日期(任选).

例如:[10]王明亮.中国学术期刊标准化数据库系统工程的[EB/OL].

http://www.cajcd.cn/pub/wml.txt/9808 10-2.html,1998-08-16/1998-10-04.

6. 致谢

致谢为单独一页。致谢的书写格式为:“致谢”字样位置居中,小二号黑体,致谢内容为小四号宋体,行与行之间为1.5倍行距。

7. 附录(视具体情况而定)

(五)毕业设计(论文)装订

(1)装订顺序:封面、扉页、摘要、目录、正文、参考文献、致谢、附录(如果有)、封底。

(2)按装订顺序装订成册。

六、毕业设计(论文)评分标准

毕业设计(论文)完成后,指导教师根据以下标准给出成绩。

1. 优秀($90\leqslant X<100$)

(1)能很好完成任务书规定的工作量。

(2)有多方案选择,设计合理,理论分析与计算正确,试验数据准确可靠,有较强的试验操作和计算机应用能力,文本格式规范。

(3)对研究的问题能较深刻分析或有独到之处,成果突出,反映出学生很好地掌握了有关基础理论与专业知识。

(4)论文结构严谨,逻辑性强,论述层次清晰,语言准确,文字流畅。

(5)能简明扼要、重点突出地阐述设计(论文)的主要内容,能准确流利地回答设计(论文)有关的各种问题。

(6)学习态度认真,模范遵守纪律,设计(论文)完全符合规范化要求。

2. 良好($80 \leqslant X < 90$)

(1)能较好完成任务书规定的工作量。

(2)有多方案选择,设计比较合理,理论分析与计算正确,试验数据比较准确,有一定的试验操作和计算机应用能力,文本格式规范。

(3)对研究的问题能正确分析或有新见解,成果比较突出,反映出学生较好地掌握了有关基础理论与专业知识。

(4)论文结构合理,符合逻辑。文章层次清晰,语言准确,文字通顺。

(5)能比较流利、清晰地阐述设计(论文)的主要内容,能正确地回答与设计(论文)有关的问题。

(6)学习态度比较认真,组织纪律较好,设计(论文)达到规范化要求。

3. 中等($70 \leqslant X < 80$)

(1)按时完成任务书规定的工作量。

(2)有方案比较,设计比较合理,理论分析与计算基本正确,试验数据基本准确,试验操作和计算机应用能力尚可,图纸质量较好。

(3)对研究的问题能提出自己的见解,成果有一定意义,反映出学生基本掌握了有关基础理论与专业知识。

(4)论文结构基本合理,层次较分明,文理通顺。

(5)基本能叙述出设计(论文)的主要内容,对设计(论文)相关的主要问题一般能回答,无原则错误。

(6)学习态度尚可,遵守组织纪律,设计(论文)基本达到规范化要求。

4. 及格($60 \leqslant X < 70$)

(1)能基本完成任务书规定的工作量。

(2)有方案选择,设计基本合理,理论分析与计算无大错误,试验数据无原则错误,试验操作和计算机应用能力较弱,图纸质量一般。

(3)研究能力较弱,对某问题提出个人见解,未取得研究成果,反映出学生基础理论与专业知识掌握得欠扎实。

(4)论文结构不够合理,逻辑性不强,论说基本清楚,文字尚通顺。

(5)能阐明自己的基本观点,对设计(论文)相关的某些主要问题虽不能回答或有错误,经提示后能作补充或进行纠正。

(6)学习不太认真,组织纪律较差,设计(论文)勉强达到规范化要求。

5. 不及格($X<60$)

(1)没有完成任务书规定的工作量。

(2)设计不合理,理论分析与计算有原则错误,试验数据不可靠,试验操作和计算机应用能力差。

(3)缺乏研究能力,未取得任何成果,反映出学生基础理论与专业知识不扎实,内容空,结构混乱,文字表达不清,错别字较多,图纸错误太多。

(4)不能阐明自己的基本观点,对设计(论文)有关的主要问题答不出或有原则错误,经提示后仍不能回答有关问题。

(5)学习马虎,纪律涣散,设计(论文)达不到规范化要求。

(6)设计(论文)抄袭。

第二部分

长沙理工大学继续教育学院土木工程、道路桥梁工程技术专业道路勘察设计指导书

毕业设计是学生毕业前的一次综合性训练,是对学生在大学几年所学知识的全面检查。通过毕业设计,既有助于提高学生综合运用知识的能力,也有助于学生以后在工作岗位能很快地适应工作环境。

一、题目名称

某新建一级公路施工图设计(具体公路名称根据所提供的图纸确定,一个设计小组完成一个大题目,小组内每个成员按照里程拆分成几个小题目。)

二、基本资料

(1)1:2 000 地形图一套。

(2)路线起点与终点具体位置不指定,只要求起点在第一张地形图左半幅,终点在最后一张地形图右半幅。

(3)中间控制点:根据地形、地物条件(如少拆迁房屋,少占用高产农田,控制工程造价等)由学生自己确定。

三、技术标准

本路段公路采用一级公路技术指标,设计速度 $v = 80\text{km/h}$。

四、设计步骤和方法

(1)大约每 4 位学生组成一个设计小组。平面和纵断面设计由 4 位学生共同完成。完成后,每位学生约分配四分之一的路线长度,每人各自进行本段内的其他设计。

（2）将所发地形图拼接起来，认真阅读地形图，查清路线带的地形、地物特征，并定出起点、终点以及中间控制点。

（3）根据路线起点、终点以及中间控制点，在地形图上进行选线，通过比选，最终确定公路具体走向。（说明：本次设计为新建工程，选线时应处理好新建公路与原有公路之间的关系，完善公路网，使各自尽可能发挥其功能。此外，学生应认真考虑新建公路与城镇、村庄的关系，各个路段土石方的平衡，桥位的选择，尽可能少占农田、少拆房屋等问题，各位学生应仔细斟酌，共同协商。）

（4）根据选定的公路具体走向，进行各项内容的具体设计。

五、毕业设计完成后应提交的文件和图表（或设计图纸）

（一）设计内容

1. 路线设计

路线设计主要应解决公路路线空间位置问题，其具体内容如下。

（1）路线平面设计，包括：中线的平面设计以及路线平面图的绘制等。

（2）路线纵断面设计，包括：纵断面拉坡，平纵线形综合处理，竖曲线设计以及中桩的填挖高度计算和纵断面图的绘制等。

2. 结构设计

结构设计主要应解决公路各种人工构造物的具体布设位置，结构类型设计和结构尺寸设计等，具体内容如下。

（1）路基设计，包括：一般与特殊横断面设计，弯道超高、加宽以及平面视距设计，土石方计算与调配，借方与弃方的处理办法，纵向排水（边沟、截水沟、急流槽、排水沟）设计，防护工程（挡土墙、护脚、护坡等）设计。

（2）路面设计，包括：路面结构（面层、基层、垫层等）组合设计，路肩加固设计等。

（3）桥涵设计，包括：桥梁、涵洞的平面位置，结构类型、孔数、孔径设计。

(4)特殊构造物设计，包括：隧道、明峒、渡槽等的平面位置，结构类型设计等。

(5)沿线设施设计以及其他工程设计，包括：路线交叉、安全设施、标志标线、附属设施以及绿化等的设计。

3. 施工图表编制

施工图表编制包括各种设计的图纸和工程数量表格的编制。

4. 编制施工组织计划

施工组织计划的编制包括路线设计中根据路线的长短、地理位置、自然环境等，拟定施工方案、准备工作的开展、场地的布置、施工方法以及计划进度的控制和必要的工程技术措施等方面。

以上设计内容为设计文件内容，每位学生的文件可根据具体情况作适当调整。

（二）内业设计一般要求

(1)内业设计工作，应贯彻公路建设的方针、政策，一切以实际出发，以勤俭建国和因地制宜、就地取材为原则；结合我国经济、技术条件，吸取国内外先进经验，积极采取新技术、新材料、新设备和新工艺；节约用地，重视环境保护，注意与农田水利及其他建设工程的协调和综合利用，使设计的工程建设项目取得经济、社会和环境的综合效益。

(2)设计文件的编制，应符合行业规范的规定，各设计均应按照批准的文件、技术规范和标准等编制，设计计算要有充分的依据。

(3)设计计算与图纸绘制，应准确无误，严格执行校核制度，做到责任到人。

(4)编制设计文件时，应尽可能利用标准设计和定型用纸，以简化设计和施工。

(5)施工图表绘制时，其格式和内容必须完全符合标准规定，图面应清晰完整，尺寸齐完，说明简明扼要，表达准确。

(6)设计文件应按规定装订成册。

（三）施工图文件组成

施工图文件具体内容包括（具体见毕业设计任务书的要求）：

第一篇　总体设计

第二篇　路线

第三篇　路基、路面

第四篇　桥梁、涵洞

第五篇　隧道（本次设计不要求）

第六篇　路线交叉

第七篇　交通工程及沿线设施

第八篇　环境保护与景观设计

第九篇　其他工程（本次设计不要求）

第十篇　筑路材料（本次设计不要求）

第十一篇　施工组织计划（本次设计不要求）

第十二篇　施工图预算（本次设计不要求）

附件（本次设计不要求）

（四）各篇主要内容

第一篇　总 体 设 计

1. 项目地理位置图

项目地理位置图应示出路线在省级以上交通网络图中的关系及沿线主要城镇等的概略位置。

2. 说明书

（1）技术标准。

（2）路线起讫点、中间控制点、全长、沿线主要城镇、河流、公路及铁路等及技术标准、工程概况。

（3）沿线地形、地质、地震、气候、水文等自然地理特征及其与公路建设的关系。

（4）沿线筑路材料、水、电等建设条件及与公路建设的关系。

（5）与周围环境和自然景观相协调情况。

(6)各项工程施工的总体实施步骤的建议、有关工序衔接等技术问题的说明以及有关注意事项。

(7)新技术、新材料、新设备、新工艺的采用等情况。

3. 路线平、纵面缩图

平面缩图应示出路线(包括比较方案)起讫点、5km(或10km)标、控制点、地形、主要城镇、与其他交通路线的关系以及县以上境界。简明示出特大桥、大桥、隧道、主要路线交叉、主要沿线设施等的位置和形式。(注:对制约路线方案的不良地质、滞洪区、文物古迹、城镇规划、风景区等的分布范围,必要时可着色,醒目示出其分布。)比例尺采用1:10 000~1:100 000。纵断面缩图一般绘于平面缩图之下,必要时也可单独绘制,简明示出主要公路、铁路、河流、特大桥、大桥、隧道及主要路线交叉等的位置、名称与高程,标注设计高程。水平比例尺与平面缩图相同或与其长度相适应,垂直比例尺采用1:1 000~1:10 000。

4. 主要技术经济指标表

5. 公路平面总体设计图

平面总体设计图应示出地形、地物,平面控制点,高程控制点,坐标网格,路线位置[桩号、断链、路中心线、中央分隔带、路基边线、坡脚(或坡顶)线、示坡线及曲线主要桩位]与其他交通路线的关系,沿线排水系统,改移河道(沟渠)及道路,县以上境界,用地界等。标出桥梁、涵洞、隧道、路线交叉及防护工程的位置。其中,桥梁按孔数及孔径、长度标绘,注明桥名、结构类型、孔数及孔径、中心桩号;隧道按长度标绘,注明名称、长度、桩号;互通式立体交叉绘出平面布置形式,注明跨线桥名称、结构类型、孔数及孔径、交叉方式;平面交叉示出平面形式;涵洞与通道按孔数标绘,示出结构类型、孔数及孔径,通道还应注明类别;防护工程注明类型。示出服务区、停车区、收费站等。对于设置爬坡车道、应急车道、紧急停车带、公共汽车停车站的路段,应示出其放置位置及起讫点桩号。比例尺采用1:1 000或1:2 000。

第二篇　路　　线

1. 说明

(1)路线平面、纵断面设计说明。

(2)施工注意事项。

2. 路线平面图

路线平面图应示出地形、地物、路线(不绘比较方案)位置及桩号、断链、平曲线主要桩位与其他交通路线的关系以及县以上境界等,标注平面控制点和高程控制点及坐标网格和指北图式,示出涵洞、桥梁、隧道、路线交叉(标明交叉方式和形式)位置、中心桩号、尺寸及结构类型等,并示意出主要改路、改渠等。图中应列出平曲线要素表。标注地形图的坐标和高程体系以及中央子午线经度或投影轴经度,比例尺为:高速公路、一级公路采用1:2 000,其他公路也可采用1:2 000~1:5 000。

3. 路线纵断面图

路线纵断面图应示出网格线、高程、地面线、设计线、竖曲线及其要素、桥涵、隧道、路线交叉的位置。桥梁按桥型、孔数及孔径标绘,注明桥名、结构类型、中心桩号、设计水位;跨线桥示出交叉方式;隧道按长度、高度标绘,注明名称;涵洞通道按桩号及底高绘出,注明孔数及孔径、结构类型、水准点(位置、编号、高程)及断链等。水平比例尺与平面图一致,垂直比例尺视地形起伏情况可采用1:200、1:400或1:500。图的下部各栏示出地质概况、填挖高度、地面高程、设计高程、坡长及坡度、直线及平曲线(包括缓和曲线)、超高、桩号。

4. 直线、曲线及转角表

直线、曲线及转角表应列出交点号、交点桩号、交点坐标、偏角、曲线各要素数值、曲线控制桩号、直线长、计算方位角或方向角、备注路线起讫点桩号、坐标系统等。

5. 纵坡、竖曲线表

6. 总里程及断链桩号表

总里程及断链桩号表应列出总里程、测量桩号、断链桩号断链(增长、减短)、断链累计(长链、短链)、换算连续里程等。

7. 公路用地表

公路用地表应列出用地起讫桩号、长度、宽度,所属县、乡、村,土地类别及数量等。

8. 公路用地图

公路用地图应示出路线用地界线(变宽点处注明前后用地宽度及里程桩

号)，土地类别、分界桩号及地表附着物，土地所属县、乡等。高速公路、一级公路在用地范围以外还应标出建筑红线。比例尺采用1∶500～1∶2 000。

9. 赔偿树木、青苗表

赔偿树木、青苗表应列出桩号、位置、所有者、树木、青苗类别及数量等。

10. 砍树挖根数量表

砍树挖根数量表应列出桩号、长度、宽度，以及除草、砍灌木林、砍树挖根、挖竹根的数量等[也可与耕地填前夯(压)实数量表、挖淤泥排水数量表放在一起列入路基工程中]。

11. 拆迁建筑物表

拆迁建筑物表应列出建筑物所在路线的桩号、距路中心线的距离(左右)，所属单位或个人、建筑物种类及数量等。

12. 拆迁电力、电讯设施表

拆迁电力、电讯设施表应列出各项设施所在桩号、交叉角度、所属单位、用途、拆迁长度、设备种类和数量等(需要时应根据电压进行分类合计)。

13. 纸上移线图

在编制三、四级公路施工图设计文件时，如发现路线有局部修改需作纸上移线的，应绘纸上移线图。

14. 路线逐桩坐标表

高速公路、一级公路应编制路线逐桩坐标表。表中应列出桩号，纵、横坐标等，并注明坐标系统及中央子午线经度或投影轴经度。

15. 控制测量成果表

控制测量成果表包括导线点成果表和水准点表。导线点成果表应列出导线点编号、点名、坐标、边长、方位角及高程等，并注明坐标系统、高程系统及中央子午线经度或投影轴经度。水准点表应列出水准点编号、高程、位置等。

第三篇　路基、路面

1. 说明

(1)路基设计原则、路基横断面布置及加宽、超高方案的说明。

(2)路基设计(包括高填深挖路基、特殊路基设计),施工工艺、参数,材料要求等说明(特殊处理的高填深挖路基,滑坡、崩塌、泥石流、采空区等大型特殊路基设计应按工点编制设计说明)。

(3)路基压实标准与压实度及填料强度要求的说明。

(4)路基支挡、加固及防护工程设计说明。

(5)路基、路面排水系统及其防护设计说明。

(6)取土、弃土设计方案、环保及节约用地措施。

(7)路面结构设计(主线、互通立交匝道、被交道路、收费站广场、桥面铺装、隧道路面等),材料要求,混合料要求,级配组成及施工要求等。

(8)路床顶面验收标准说明。

(9)施工方案及注意事项。

(10)动态设计及监控方案说明。

2. 设计图表

(1)路基设计表。二级及二级以下公路应列出平曲线要素,纵坡(坡高、坡长、变坡点桩号及高程),竖曲线要素,桩号,地面高程,设计高程,填挖高度,路基宽度(原宽、加宽、加宽后总宽),缓和长度,超高值(左、右),路基边缘与设计高之差(左、右)等。

高速公路、一级公路应列出平曲线要素,纵坡(坡高、坡长、变坡点桩号及高程),竖曲线要素,桩号,地面高程,设计高程,填挖高度,路基宽度(中央分隔带、左右幅分别按行车带及路缘带、硬路肩、土路肩计列),各点与设计高之差(左右幅分别按左侧路缘外缘、硬路肩外缘、土路肩外缘各点填列),并说明加宽、超高情况。

(2)边沟(排水沟)设计表。高速公路、一级公路应列出桩号,地面高程,设计高程,按左右侧分别列出边沟或排水沟形式及尺寸,沟中心至中桩距离,沟底纵坡(设计资料、沟底高程、说明等)。

(3)路基标准横断面图。示出路中心线、行车道、拦水缘石(如果有)、路肩、路拱横坡、边坡、护坡道、边沟、碎落台、截水沟、用地界碑等各部分组成及其尺寸,路面宽度及概略结构。高速公路和一级公路按整体式路基、分离式路基分别绘制,还应示出中央分隔带、缘石(如果有)、左侧路缘带、硬路肩(含右侧路缘带)、护栏、隔离栅、预埋管道(如果有)等设置位置。比例尺采用1:100~1:200。

(4)一般路基设计图。绘出一般路堤、低填路堤(路基高度较小且需特殊处理)、路堑、半填半挖路基,陡坡路基、填石路基、半路半桥路基、悬出路台或半山洞路基(如果有)、水田内路堤及沿河(江)或水塘(库)等不同形式的代表性路基设计图,并应分别示出路基、边沟、碎落台、截水沟、护坡道、排水沟、边坡坡率、护脚墙、护肩、护坡、挡土墙等结构类型及防护加固结构形式,且应标注主要尺寸。比例尺采用1:200。

(5)路基横断面设计图。绘出所有整桩、加桩的横断面图,示出加宽、超高、边坡及坡率(包括各分级边坡)、边沟、截水沟、碎落台、护坡道、边坡平台、路侧取土坑(如果有)、开挖台阶及视距台等,注明用地界。挡土墙、护面墙、护脚、护肩、护岸、边坡加固、边沟(排水沟)及截水沟加固等均绘在本图上,并注明起讫桩号、防护类型及断面尺寸(另绘有防护工程设计图的只绘出示意图,注明起讫桩号和设计图编号)。高速公路、一级公路还应标出设计高程、路基边缘高程、边沟(排水沟)底设计高程。比例尺采用1:100~1:400。

(6)超高方式图。分类型绘出超高纵断面、缓和段代表性超高横断面,标注其主要尺寸、超高渐变率、横坡及超高值。

(7)挖淤泥排水数量表。列出一般地基路段挖淤泥桩号、长度、宽度、淤泥厚度、水深、挖淤泥及排水数量等。软土地基段计入特殊路基工程部分。

(8)高填深挖路基工程数量表。分别列出高填方路堤、深挖方路堑段起讫桩号、长度、路基中心最大填挖高度及最大边坡高度,地基、路基及边坡处理加固措施、工程及材料数量等。

(9)高填深挖路基设计图。分别逐段绘出高填方路堤、深挖方路堑段控制横断面及其断面布设、地基或边坡地质情况、填料种类及要求,地基处理、原地面处理及边坡处理或防护、排水措施等。对于特殊处理高填深挖路基,应绘制工程平面图、立面图、逐桩及处理措施有变化的横断面图、支挡结构详细设计图等,比例尺可采用1:200~1:2 000。

(10)低填浅挖路基处理工程数量表。列出低路堤开挖、回填土方数量及特殊处理的工程数量等。

(11)低填浅挖路基处理设计图。示出平原地区低填路基填筑中,清表和填前夯实的厚度,并按不同路基高度分别说明路基各层采用的填料种类、强度、是否改性及掺改性剂类型、剂量等。

(12)桥头路基处理工程数量表。分别列出桥头路堤起讫桩号、处理措施及工程数量等。

(13)桥头路基处理设计图。示出桥头路基处理设计、具体尺寸及材料要求、施工注意事项等。

(14)陡坡路堤或填挖交界处理工程数量表。列出陡坡路堤或填挖交界处起讫桩号、设计处理措施及压实度要求、工程数量等。

(15)陡坡路堤或填挖交界处理设计图。示出陡坡路堤或填挖交界处路基处理详细设计图及施工注意事项等。

(16)特殊路基设计表。对软土地基处理,应列特殊路基设计表。表中应列出地基处理段落,处理方案,填土高度,填土控制速率,预压设计(包括预压高度、预压时间、预压期沉降、总沉降及工后沉降、预压期末高程),桩(板)的间距、长度、桩径以及施工各阶段施工控制高程等。

(17)特殊路基设计工程数量表。分别列出软土、膨胀土、湿陷性黄土、盐渍土、多年冻土、岩溶等不良岩土以及滑坡、崩塌、泥石流、采空区病害地段等自然因素影响强烈的路基段的起讫桩号、位置、长度、宽度、处理方式或措施、工程及材料数量等。

(18)特殊路基设计图。绘制软土、膨胀土、湿陷性黄土、盐渍土、多年冻土、岩溶等不良岩土以及滑坡、崩塌、泥石流、采空区、病害地段或受水、气候等自然因素影响强烈的路基段的路基处理设计图,并标注地质资料,比例尺采用1:100~1:200。滑坡等病害地段还需绘制工程平面图、地质断面图、主滑断面设计图,平面图比例尺一般采用1:200~1:2 000。

(19)特殊路基处理段地质纵断面图。如对软土地基处理,应绘制本图,示出工程地质纵断面,并描述地质概况,给出路基填土高度,地基处理方法及处理参数等。

(20)中间带设计图。绘出中央分隔带平面、断面设计图及路缘石大样图,示出预埋管道及轮廓尺寸等,列出每延米工程及材料数量表。比例尺根据需要确定。

(21)中央分隔带开口设计图。按类型分别绘出平面布置图、中央分隔带渐变段断面图、开口处路面结构图、缘石大样图。比例尺采用1:20～1:200。列出中央分隔带开口一览表、一个开口工程材料数量表及总数量表。

(22)路基土石方数量表。列出桩号，断面积，平均断面积，挖方(包括挖路槽的总体积、土类、石类)，清表土方数量，填方(总体积、填土及填石分压实方和自然方)，本桩利用方，余方，欠方，远运利用方，调配示意，运量，借方(分土类、石类、运距、运量)，弃方(土、石、运距、运量)等。

(23)路基每公里土石方数量表。列出起讫桩号，长度，挖方(总体积、土类、石类)，清除表土，填方(总体积、填土及填石分压实方和自然方)，本桩利用方，远运利用方，借方，弃方，总运量，计价土石方总数等；并说明表土的利用措施、平均运距、临时占地等。

(24)路基土石方运量统计表。列出起讫桩号，施工方法[人工施工土方、推土机施工土方、铲运机施工土方、挖土机配自卸汽车施工土方、人工施工石方、机械施工石方(人工清运)、机械施工石方(机械清运)]，数量，平均运距等。

(25)取土坑(场)、弃土堆(场)一览表。列出取土或弃土地段起讫桩号，取土或弃土位置(左、右侧)，上下路桩号，支线长度，运距，取土坑(范围、土名、土类、击实试验结果、最大挖深、可取量、计划用量)，占用土地(永久或临时)，开挖方式及运输条件，弃土堆(土、石方数量、运距)，临时工程(便道、便桥等)，防护、排水、绿化、复垦工程数量，并列出取土坑(场)、弃土堆表层种植土的数量，说明表层种植土的利用措施。取土坑(场)或弃土堆(场)应分别列表。

(26)取土坑(场)、弃土堆(场)设计图。大型取土坑(场)、弃土堆(场)应绘制本图，示出地形、地物、位置、范围、运输道路、防护、排水、绿化及复垦的设计要求及平面、断面图等内容；有条件时，应附现场实景照片，并说明施工注意事项。比例尺采用1:500～1:10 000(比例尺小于1:2 000时，应采用现场实测断面)。

(27)路基防护工程数量表。列出路基支挡、防护工程起讫桩号，工程名称，主要尺寸及说明，单位，数量(左、右)工程及材料数量等(包括护坡、挡土墙、护墙、护脚、护肩、边坡加固、驳岸、护岸、防水堤坝等)。

(28)路基支挡、防护工程设计图。绘出各项支挡、防护工程的立面、断面及详细结构设计图。比例尺采用1:50～1:500。按不同情况列出每延米或每处工程及材料数量表。挡土墙设计还应绘制平、纵面图、逐桩及墙高变化处的横断面图、挡土墙断面大样图、挡墙顶部护栏基础设计图，以及不同墙高对应尺寸和每延米数量，并计列每处（段）工程及材料数量表。比例尺采用：1:200～1:400。

（29）路面工程数量表。列出起讫桩号，长度，结构类型，各结构层次名称及厚度[分行车道、路肩加固计列；高速公路和一级公路分行车道，路缘带，硬路肩，中央分隔带（缘石、填土等），爬坡车道，紧急停车带等计列]，培路肩等。

（30）路面结构图。示出自然区划、每个行车道交通量累计轴次、设计弯沉及土基回弹模量等设计参数；并分别示出行车道，路肩加固以及隧道，桥面铺装，桥头路基的路面结构与厚度（高速公路和一级公路分行车道、路缘带、硬路肩、紧急停车带、爬坡车道、互通立交匝道、被交道路、收费站广场等计列）。绘出路面边缘大样图，列出单位（1 000m^2）工程及材料数量表。

（31）水泥混凝土路面设计图。水泥混凝土路面应绘出水泥混凝土路面分块布置、接缝构造和补强设计及刚柔过渡设计图等。比例尺采用1:50～1:500。

（32）平曲线上路面加宽表。列出平曲线交点（交点号、桩号），半径，加宽宽度，圆曲线长度，缓和段长度，加宽段长度及面积等。

（33）路基、路面排水系统布置图。一般公路排水系统困难地段应绘制本图，比例尺根据需要确定。高速公路、一级公路绘在路线平面总体设计图内，根据排水详细设计具体反映。

（34）路基、路面排水工程数量表。列出起讫桩号，工程名称，单位，断面形式和主要尺寸说明，工程及材料数量（包括边沟、跌水井、排水沟、截水沟、盲沟、急流槽以及高速公路和一级公路中间带的纵向排水沟、集水井、横向排水管、拦水带及超高段路面排水等）。

（35）路基、路面排水工程设计图。绘出各项排水工程平面布置、立面、断面及结构设计图和有关大样图。比例尺采用1:20～1:200。列出急流槽、集水井与横向排水管的设置位置及每延米或每处工程数量表。

第四篇　桥梁、涵洞

1. 说明

（1）大、中桥的桥位、桥型，墩台及基础埋置深度等修正以及大、中桥的结构设计说明。

(2)小桥、涵洞设计说明。

(3)主要材料及新技术、新工艺的采用情况。

(4)施工方法及施工注意事项。

2. 大、中桥工程数量表

大、中桥工程数量表列出采用标准图编号、上下部构造、工程及材料数量等。

3. 大、中桥设计图

(1)桥位平面图。示出桥位地形、桥梁位置、墩台位置、指北针、高程系统及调治构造物、防护工程等。桥头接线应示出路线中心线、公里及百米桩、直线或平曲线半径、缓和曲线参数、桥梁长度、桥梁中心桩号和交角。比例尺采用1:500~1:2 000。高速公路和一级公路应增绘中央分隔带、坡脚线、地质钻孔在平面上的位置和编号。

(2)桥位工程地质纵断面图。大桥及地质复杂中桥应绘制本图。水平比例尺采用1:200~1:2 000;垂直比例尺采用相应地用1:20~1:500。

(3)桥型布置图。绘出立面(或纵断面)、平面、横断面,示出河床断面、地质分界线、钻孔位置及编号、特征水位、冲刷深度、墩台高度及基础埋置深度、桥面纵坡以及各部尺寸和高程。弯桥或斜桥尚应示出桥轴半径、水流方向和斜交角度。设计要素栏内应列出里程桩号、设计高程、地面高程、坡度、坡长、竖曲线要素、平曲线要素等。比例尺采用1:200~1:2 000。

4. 涵洞工程数量表

列出中心桩号、交角、孔数及孔径、涵长、结构类型、进出口形式,所采用的标准图或通用图编号、工程、材料数量等。

5. 涵洞设计图

(1)布置图。绘出设置涵洞处原地面线及涵洞纵向布置,斜涵应绘出平面和进口的立面,示出地基土质情况,各部尺寸和高程。比例尺采用1:50~1:200。

(2)结构设计图。对于采用标准图或通用图的,应在布置图中注明标准图或通用图的名称及编号,不再绘本图。对于特殊设计的(包括进出口式样特殊或铺砌复杂的),应绘各部详图。

第五篇　路 线 交 叉

1. 说明

(1)路线交叉(包括互通式立体交叉、服务设施主体工程、分离式立体交叉、通道、天桥、平面交叉及管线交叉)设计的说明。

(2)施工方法及注意事项。

2. 互通式立体交叉设计图表

(1)互通式立体交叉一览表。

(2)互通式立体交叉平面图。采用整幅图,比例尺采用1:1 000或1:2 000。

(3)互通式立体交叉线位图。绘出坐标网格并标注坐标,示出主线,被交叉公路及匝道(含变速车道)中心线,桩号(公里桩、百米桩、平曲线主要桩位),平曲线要素等。比例尺一般采用1:1 000或1:2 000。

(4)直线、曲线及转角表。表中平曲线主要桩位应附坐标。宜对收费站广场边线进行设计,并在直曲表中反映出来,便于控制施工质量。

(5)逐桩坐标表。

(6)互通式立体交叉纵断面图。参照路线纵断面图,绘制出主线、被交叉公路、匝道的纵断面图。示出互通式立体交叉简图及纵断面图位置。

(7)匝道连接部设计图。示出互通式立体交叉简图及连接部位置,绘出匝道与主线、匝道与被交叉道路、匝道与收费站、匝道与匝道等连接部分设计图(包括中心线、行车道、路缘带、路肩、鼻端边线,不绘地形),示出桩号、各部分宽度等。当路基宽度(行车道、硬路肩等)发生变化时,应在附注中说明变化段的情况(起讫桩号、宽度值、变化方式等),比例尺一般采用1:200 ~ 1:400;并绘出缘石平面图和断面图,比例尺一般采用1:20 ~ 1:50。

(8)匝道连接部标高数据图。示出互通式立体交叉简图及连接部位置,绘出连接细部平面(包括中心线、中央分隔带、路缘带、行车道、硬路肩、土路肩、鼻端边线,不绘地形),示出各断面桩号、路拱横坡和断面中心线以及各部分宽度。对于未能在纵断面图中表达到的超高变化情况,应在附注中明确说明。比例尺一般采用1:200。

3. 分离式立体交叉设计图表

(1)分离式立体交叉一览表。

(2)分离式立体交叉工程数量表。列出除交通工程及沿线设施外引道及主体的所有工程、材料数量。

(3)分离式立体交叉平面图。参照路线平面图绘制,其范围应包括桥梁两端的全部引道在内,图中示出主线、被交叉公路或铁路、跨线桥及其交角、里程桩号和平曲线要素,护栏、防护网、管线及排水设施的位置等,比例尺采用1∶1 000或1∶2 000。

(4)分离式立体交叉纵断面图。参照路线纵断面图绘制,可与平面图合并绘制。

(5)被交叉公路横断面图和路基、路面设计图。

(6)分离式立体交叉桥桥型布置图。

(7)分离式立体交叉桥结构设计图。

(8)其他构造物设计图。当被交叉公路内有挡土墙、涵洞、管线等其他构造物时,参照相应项目要求绘制设计图。

4. 通道、天桥设计图表

(1)通道、天桥工程数量表。除交通工程及沿线设施外,应列出天桥的所有工程、材料数量。

(2)通道设计图。

①通道布置图。绘出全部引道在内的平面、纵断面、横断面,地质断面、地下水位等设计图,比例尺采用1∶500~1∶1 000。

②通道结构设计图。参照第四篇中小桥及涵洞结构设计图绘制。

③天桥设计图。

5. 平面交叉设计图表

(1)平面交叉设置及工程数量一览表。

(2)平面交叉布置图。绘出地形、地物、主线、被交叉公路或铁路、交通岛,注出交叉点桩号及交角、水准点位置及其编号和高程、管线及排水设施等的位置,比例尺采用1∶500~1∶2 000。

(3)平面交叉设计图。绘出环形和渠化交叉的平面、纵断面、横断面及高程数据图。平面图中应注明控制点处(如交通岛、转弯平曲线圆心及起终点等)的坐标。高程数据图中应注明路面水水流方向。平面设计图比例尺采用1:500~1:2 000;纵断面图水平比例尺采用1:500~1:2 000,垂直比例尺相应地采用1:50~1:200,横断面比例尺采用1:100~1:200。

第六篇　交通工程及沿线设施

(1)设计所采用的主要技术标准、规范及指南等。

(2)主线的技术标准、工程规模及特点。包括:项目的技术标准,路线起、终点及长度,主要控制点,互通立交分布及形式,桥梁、隧道的主要工程规模等;项目的建设条件及工程实施计划。

(3)交通工程及沿线设施建设标准与规模。

(4)新材料、新技术、新设备、新工艺的采用情况。

(5)主要技术经济指标一览表。

(6)施工方法及注意事项。分标段、专业说明所采用的施工工序、工艺及注意事项等;当采用特殊工具、设备及对施工人员技能有特殊要求时,应予以说明。

第七篇　环境保护与景观设计

1. 说明

(1)公路工程及设施与沿线自然环境的协调情况及采取的措施等。

(2)景观设计的理念、原则及表现手法等。

(3)主要场地自然条件(包括土壤、水分、降雨量、风力风向、自然物种等)分析及对策。

(4)拟采用的植物配置及特性。

(5)环境保护与景观设计情况。

(6)土地复垦与利用情况。

(7)施工中的环境保护措施及注意事项。

2. 环境保护工程数量表

3. 降噪设计图

绘出降噪设计(如声屏障、降噪林等)的位置、结构类型、主要尺寸及规格等,比例尺采用1:5~1:200;列出单位材料数量表。

4. 污水处理设计图

绘出污水处理平面布置总图、构造详图,比例尺采用1:20~1:500;列出单位设备、材料数量表。

5. 其他环保工程设计图

6. 植物配置表

7. 景观工程数量表

8. 景观工程设计图

绘出各区段景观绿化设计图及大样图;绘出硬质景观设计图及大样图。

第三部分

长沙理工大学继续教育学院
土木工程、道路桥梁工程技术专业
路基路面综合设计指导书

一、目的和意义

毕业设计是大学教学的最后一个重要环节，是培养学生综合应用所学的道路交通基础理论、基本知识和基本技能，进行道路工程设计或科学研究的综合训练，是前面各个教学环节的继续、深化和拓宽，是学生综合素质和工程实践能力培养的重要阶段，其目的是使学生受到道路工程师所必需的综合训练，有利于学生向工作岗位过渡。做好毕业设计，可以使学生所学到的基础理论和专业技术知识更加系统、巩固、延伸和拓展，并在生动的设计实践与科学研究中，提高学生自身独立思考和解决工程实际问题的能力。

二、路线概况

毕业设计应按照指导教师的安排路线进行设计，路线概况及地质状况等请学生自行查阅和参考有关资料。

主要设计指标如下(可以根据具体路线进行调整)：

公路等级：高速公路

设计车速：100km/h

设计荷载：公路—Ⅰ级

设计标准轴载：BZZ—100

设计洪水频率：1/100

设计地震烈度：Ⅵ度

路基宽度：27m

路基主要部分尺寸如表3-1所示。

路基主要部分尺寸(单位:m)　　表 3-1

土路肩	硬路肩(含路边路缘带)	行车道	中间带			行车道	硬路肩(含路边路缘带)	土路肩
			路缘带	中央分隔带	路缘带			
0.75	3.00	2×3.75	0.75	3.00	0.75	2×3.75	3.00	0.75

交通量组成资料如表 3-2 所示,每位学生可任选一组。

交通量及组成资料　　表 3-2

车　型	交通量(辆/昼夜)									
	1	2	3	4	5	6	7	8	9	10
小客车 SH-130	1200	1300	1050	950	1400	1150	980	1350	1280	1450
大客车 SH-141	200	250	180	320	210	300	380	350	250	310
跃进牌 NJ-130	800	720	700	600	710	810	690	750	880	760
东风牌 EQ-140	500	400	520	700	600	680	710	450	550	650
黄河牌 JN-150	450	440	500	430	460	550	480	450	470	490
日野 KB222	140	150	120	130	125	135	138	110	145	128
太脱拉 138	100	120	80	93	110	75	98	125	105	115
交通量年平均增长率(%)	6	6	7	7	7	6	6	6	6	7

三、设计步骤与方法

路基路面设计与施工的基本任务,在于以最低的代价(包括资金、材料、劳力、时间等方面),提供符合一定使用要求(即足够稳固)的路基路面结构物。基本方法是根据道路使用要求和当地自然情况,参照有关规范和经验,考虑技术和经济条件,选定合理的结构方案,绘出设计施工图纸,作为施工的依据。

1. 资料收集

本设计是根据已有的初步设计的地质水文气象以及材料交通等方面的资料来进行。应该充分理解本设计资料和设计要求,明确设计目标和设计思想,综合应用所学知识分析、解决设计遇到的问题。

2. 路基设计

(1)根据给定路段起终点地面高程(可以通过数等高线得到)和路线平面设计图进行纵断面设计,确定路基的填挖高度,确定路基横断面形状和边坡高度,在此过程中应注意各种断面形状的适用条件;进行土石方数量计算与调配。

(2)根据沿线地面水流和地下水情况,进行道路排水系统的布置、地面和地下排水结构物的设计、排水工程数量计算与汇总。

(3)根据当地水文、地质、地形及筑路材料等情况,采取合适的边坡防护、路基支挡及加固等措施,并进行相应的设计和计算,同时计算、汇总防护与加固工程数量。

(4)对可能提供的若干设计方案,应综合经济、施工等方面因素,进行技术经济分析和比较,最后确定采用的方案。

(5)根据当地的情况,确定施工方法和施工程序。

3. 涵洞布置

(1)熟悉各种涵洞形式的适用条件和设计要点。

(2)根据施工条件和路线平面布置图,绘制涵洞布置图。

(3)根据当地的情况,确定施工方法和施工程序。

4. 路面设计

(1)根据道路等级、使用任务、当地自然环境、路基支承条件和材料供应等情况,提出路面结构组合方案。

(2)根据对所选材料的性状要求和当地自然条件,进行各结构层材料的组成设计。

(3)根据路面结构的破坏标准、力学模型和相应的计算理论,确定满足交通条件和使用年限要求的各结构层尺寸。对于水泥混凝土路面,还要进行接缝及补强钢筋等方面的设计。

(4)对可能提供的若干设计方案,应综合考虑经济、施工、养护和使用性能等方面因素,进行技术经济分析和比较,最后确定采用的方案。

(5)根据当地的情况,确定施工方法和施工程序。

(6)计算路面工程数量。

5. 整理出版(最终提交的文件)

按要求编写总说明、各篇说明书,进行图纸整饰和编号,装订出版文件。

各篇主要内容如下。其中,括号内是图表编号,具体内容可以参阅本书第二部分的相关要求。

封面

扉页

中文摘要(300~400字)和关键词(3~5个)

总目录

第一篇　总体设计

地理位置图(S_{I} -1)
总说明书(分两栏)
主要技术经济指标表(S_{I} -2)
公路平面总体设计图(S_{I} -1)

第二篇　路线

说明书(分两栏)
路线平面图(S_{II} -1)
路线纵断面图(S_{II} -2)
直线、曲线及转角表(S_{II} -3)
纵坡、竖曲线表(S_{II} -4)
路线逐桩坐标表(S_{II} -5)

第三篇　路基、路面

说明书(分两栏):横断面形式和超高说明;路基压实标准及要求;排水及防护工程说明;取土、弃土以及环保等措施;路面设计以及施工方法和注意事项等。

路基设计表($S_{Ⅲ}$ - 1):要求编制断面高程表。

边沟(排水沟)设计表($S_{Ⅲ}$ - 2):引出桩号、地面高程、设计高程,按左右侧分别列出边沟或排水沟形式及尺寸、沟中心至中桩距离,沟底纵坡。

路基标准横断面图($S_{Ⅲ}$ - 3):路基各部分组成及其尺寸,路面宽度及厚度。比例尺采用1:100 ~ 1:200。

路基一般设计图($S_{Ⅲ}$ - 4):绘出一般路堤、路堑、半填半挖路基以及其他不同的有代表性路基设计图。比例尺采用1:200。

路基横断面图设计图($S_{Ⅲ}$ - 5):按要求绘出所有中桩的横断面图。比例尺采用1:200。

超高方式图(视本路段有无超高而定)($S_{Ⅲ}$ - 6):绘出超高路段的主要尺寸、超高渐变率、横坡及超高值。

特殊路基设计图($S_{Ⅲ}$ - 7)。

中间带设计图($S_{Ⅲ}$ - 8)。

路基土石方工程数量表($S_{Ⅲ}$ - 9)。

路基防护工程数量表($S_{Ⅲ}$ - 10)。

路基防护工程设计图($S_{Ⅲ}$ - 11)。

挡土墙设计图($S_{Ⅲ}$ - 12)。

路面工程数量表($S_{Ⅲ}$ - 13)。

路面结构图(包括沥青路面或水泥路面,二选一进行设计)($S_{Ⅲ}$ - 14)(其中水泥路面包括分块布置、接缝构造、边缘处理、补强设计和刚柔过渡设计等)。

路基、路面排水系统布置图($S_{Ⅲ}$ - 15)。

路基、路面排水工程数量表($S_{Ⅲ}$ - 16)。

路基、路面排水工程设计图($S_{Ⅲ}$ - 17)。

第四篇　桥梁、涵洞

说明书(分两栏):叙述大、中桥桥位,桥型及墩台基础埋深等以及结构设计说明;一般中、小桥涵,采用新技术说明以及施工方法和注意事项。

桥型布置图($S_{Ⅳ}$ - 1)。

涵洞工程数量表($S_{Ⅳ}$ - 2)。

涵洞设计图(布置图和结构设计图)($S_{IV}-3$)。

参考文献

[1] 杨少伟.道路勘测设计[M].3版.北京:人民交通出版社,2009.

[2] 邓学钧.路基路面工程[M].3版.北京:人民交通出版社,2010.

[3] JTG B01—2003,公路施工技术标准[S].北京:人民交通出版社,2004.

[4] JTG D20—2006,公路路线设计规范[S].北京:人民交通出版社,2006.

[5] JTG D30—2004,公路路基设计规范[S].北京:人民交通出版社,2004.

[6] JTG F10—2006,公路路基施工技术规范[S].北京:人民交通出版社,2006.

[7] JTJ 034—2000,公路路面基层施工技术规范[S].北京:人民交通出版社,2000.

[8] JTG D40—2011,公路水泥混凝土路面设计规范[S].北京:人民交通出版社,2011.

[9] JTG F30—2003,公路水泥混凝土路面施工技术规范[S].北京:人民交通出版社,2003.

[10] JTG D50—2006,公路沥青路面设计规范[S].北京:人民交通出版社,2006.

[11] 交公路发[2007]358号,公路工程基本建设项目设计文件编制办法.北京:人民交通出版社,2007.

致谢

四、毕业设计要求

(1)明确任务书要求,全面系统地复习教材,自学有关参考资料,熟悉有关标准和规范。

(2)认真分析设计资料,正确选用有关公式和各项参数。

(3)设计图纸中应注明:工艺要求、技术措施、材料质量和规格、注意事项、质量标准等。

（4）设计图表应整洁美观，字迹工整，比例准确，图幅布置匀称协调。

（5）设计计算原理正确，程序流程清晰，结果无误。

（6）设计和计算均应按国家和交通部有关标准和规范进行。

（7）名词、计量单位、数字。

①科学技术名词术语尽量采用国家标准、部标准中规定的名称，公路工程名词应采用现行《公路工程技术标准》等有关规范、规程所规定的名词，无规定的可采用习惯用法。

②计量和单位必须采用中华人民共和国的国家标准 GB3100～3102—93，它是以国际单位制（SI）为基础的。非物理量的单位，如件、台、人、元等，可用汉字与符号构成组合的形式，如件/台、元/km。

（8）公式、表格、图

①公式应居中，公式的编号用圆括号括起来放在公式右边行末，公式和编号之间不加虚线。

②每个表格应有自己的表题和表序，表题应写在表格上的正中。表格允许下页接写，表题可省略，表头应重复写，并在右上方写“续表×××”。

③毕业设计的插图必须精心制作，线条要匀称，图面要整洁美观。每幅插图应有图序和图题。图应在描图纸或在洁白纸上用墨线绘成，也可以用计算机绘图，工程图应符合相应的国家标准的要求。

（9）毕业设计成果装订要求：按照上述设计过程，设计图表按 A3 幅面白纸绘制、装订成册。

第四部分

长沙理工大学继续教育学院
毕业设计(论文)选题

一、电气工程及其自动化、电力系统自动化技术专业毕业设计(论文)选题

序号	题　目	序号	题　目
1	500kV 变电站电气一次部分初步设计	22	220kV 线路微机保护装置设计
2	220kV 变电站电气一次部分初步设计	23	电力变压器微机保护装置设计
3	110kV 变电站电气一次部分初步设计	24	汽轮发电机微机保护装置设计
4	35kV 变电站电气一次部分初步设计	25	水轮发电机微机保护装置设计
5	火力发电厂电气一次部分初步设计	26	变电站数据采集系统设计
6	水力发电厂电气一次部分初步设计	27	变电站微机检测与控制系统设计
7	500kV 变电站继电保护配置设计与整定计算	28	变电站数据采集系统设计——数据采集终端
8	220kV 变电站继电保护配置设计与整定计算	29	变电站数据采集传输系统设计——监控系统
9	110kV 变电站继电保护配置设计与整定计算	30	变压器故障检测技术——常规检测技术
10	35kV 变电站继电保护配置设计与整定计算	31	变压器故障检测技术——典型故障分析
11	火力发电厂继电保护配置设计与整定计算	32	变压器故障检测技术——介质损耗在线检测
12	水力发电厂继电保护配置设计与整定计算	33	变压器故障检测技术——局部放电在线检测
13	500kV 变电站电气部分初步设计	34	变压器故障检测技术——绝缘结构及故障诊断技术
14	220kV 变电站电气部分初步设计	35	变压器故障检测技术——油气色谱监测
15	110kV 变电站电气部分初步设计	36	变压器故障维修
16	35kV 变电站电气部分初步设计	37	变压器局部放电在线监测技术研究——油质检测
17	火力发电厂电气部分初步设计		
18	水力发电厂电气部分初步设计		
19	火力发电厂厂用电系统设计	38	变压器故障分析和诊断技术
20	35kV 线路微机保护装置设计	39	变压器绝缘在线检测系统设计
21	110kV 线路微机保护装置设计	40	变压器油温控制

续上表

序号	题目	序号	题目
41	地区电力网规划设计	58	浅谈变电站综合自动化系统抗电磁干扰的措施
42	电力系统主电网规划设计		
43	配电网电压质量控制与无功补偿研究	59	复杂地理条件下变电站接地方式的研究
44	配电网降损措施研究		
45	供电企业降损措施研究	60	变电站设备状态检修研究
46	窃电常见方法、原因分析及对策研究	61	电流互感器检验项目和试验方法分析
47	电网调度自动化系统设计	62	电压无功综合测控装置设计
48	电能计量装置常见故障分析	63	发电厂励磁系统运行分析
49	电能计量中常见问题分析研究	64	变电站电压智能监测系统
50	电能质量实时监测系统设计	65	变电站自动化功能设计
51	电力系统远期负荷预测研究	66	变电站自动化综合设计
52	××地区电力系统远期负荷预测	67	110kV 变电站综合自动化系统设计
53	电力系统中期负荷预测研究	68	220kV 变电站综合自动化系统设计
54	××地区电力系统中期负荷预测	69	电力市场初步研究
55	电力系统短期负荷预测研究	70	农村电力市场研究
56	××地区电力系统短期负荷预测	71	企业节约用电研究
57	社会主义市场经济下电力市场的运行机制探讨	72	现有城区变电站存在的问题及改进措施

二、交通运输、公路运输与管理、物流管理专业毕业论文选题

序号	题　　目	序号	题　　目
1	××县农村客运发展方案研究	19	公路危险品运输安全管理对策研究
2	提高道路运输企业核心竞争力研究	20	××城市出租车的现状分析与管理对策
3	××道路运输企业经营现状分析与发展战略研究	21	××市出租汽车发展规模控制研究
4	××港站项目可行性研究	22	××汽车运输集团发展战略研究
5	××城市交通面临的问题与对策研究	23	××市快速公交发展策略研究
6	××城市道路交通拥挤的特点及对策研究	24	××县级道路客运市场管理现状与对策研究
7	××地区公路快速客运市场需求分析与对策研究	25	××市汽车维修业的现状分析与发展对策
8	我国中小型道路运输企业战略联盟研究	26	××长运公司小件快运网络构建研究
		27	××港口企业的现状分析与发展策略
9	××高速公路交通事故成因分析与对策研究	28	××内河运输的现状分析与发展研究
		29	××道路运输企业安全管理探讨
10	××公路超限运输的现状分析与对策研究	30	××道路运输企业公司化经营的实证分析
11	××城市公共交通发展研究	31	××货运代理企业的现状分析与发展对策
12	××运输企业信息管理现状分析与对策研究	32	××道路运输企业成本控制研究
13	道路运输企业多元化经营的探讨	33	××市(县)农产品运输的发展与策略
14	道路客运企业“站运分离”运作模式探讨	34	××港集装箱运输发展对策研究
15	道路客运企业运输安全评价指标体系研究	35	××运输企业业绩考评体系研究
		36	××城市交通需求管理的策略探讨
16	道路危险货物运输的风险分析与防范对策	37	××市道路运输市场规范化研究
		38	××城市轨道交通的发展模式探讨
17	提高道路运输企业服务水平的途径与措施	39	道路客运市场准入与退出管理研究
		40	道路旅客运输集约化发展模式研究
18	××公路客运站顾客满意度测评研究	41	道路货物运输集约化发展模式研究

续上表

序号	题目
42	道路旅客运输服务质量招投标研究
43	××汽车客运站布局规划研究
44	××市道路运输市场监管的难点与策略
45	××市城乡道路客运一体化发展研究
46	××客运中心站项目后评价
47	××高速公路区域联网收费系统的研究
48	××市道路旅客运价管理研究
49	××高速公路服务区经营模式研究
50	××市公路客运交通与旅游发展适应性研究
51	××市道路客货运输发展规划研究
52	××市道路(客或货)运输市场有效竞争研究
53	××港口安全生产预警管理研究
54	××运输(物流)企业燃油需求与节能潜力分析
55	××道路运输企业发展第三方物流的策略研究
56	××公司采购物流现状分析与对策研究
57	××物流企业人力资源规划研究
58	××物流配送中心的现状分析与发展对策
59	××公司物流配送网络分析与优化
60	××物流企业竞争能力评价研究
61	××第三方物流企业的信誉评价研究
62	某公司物流配送中心选址模型研究
63	××超市库存管理现状分析与对策研究
64	××第三方物流企业风险管理研究
65	××物流配送中心规划与设计
66	××公司物流配送方案研究
67	××企业物流信息平台建立探讨
68	××连锁超市商品物流模式的探讨
69	××物流公司运输车辆配载问题研究
70	我国邮政物流的发展与思考
71	我国农业产品物流发展的思考
72	条码技术在物流供应链管理中的应用
73	浅析电子商务对现代物流的影响
74	××企业物流成本管理研究
75	××公司物流供应商的评价与选择研究
76	××物流企业业绩考评体系研究

三、工程管理专业毕业设计(论文)选题

序号	题目	序号	题目
	设计类	24	浅谈公路工程施工质量控制
1	××项目施工组织设计	25	论水泥混凝土路面施工质量控制
2	××项目开工报告	26	浅谈地方公路改建的质量控制
3	××项目投标书编制	27	对提高水泥混凝土路面施工质量的思考
4	××项目工程可行性研究报告(经济评价部分)	28	设备租赁市场研究
5	××项目工程可行性研究报告(经济及交通量预测部分)	29	设备租赁在公路工程项目管理中的应用
	论文类	30	公路工程合同管理中的计量支付研究
6	公路工程项目管理现状与未来分析	31	国有施工企业改革之探讨
7	公路建设市场规范化研究	32	施工企业管理体制探讨
8	公路建设项目社会效益体系研究	33	施工企业经营战略研究
9	公路建设资金筹措方式探讨	34	施工企业的困境与对策研究
10	公路工程项目承包制研究	35	WTO与施工企业改革发展战略研究
11	工程索赔研究	36	计算机辅助工程项目管理现状分析与趋势研究
12	公路工程投标报价研究		
13	浅谈公路工程投标报价技巧	37	浅谈计算机在施工企业中的应用
14	公路投资经济效益分析方法探讨	38	浅谈公路工程施工项目经理的选择,对高速公路建设中若干问题思考(大方向,需自己定题)
15	对工程项目成本分析及成本管理的探讨		
16	论网络时代的工程管理	39	××项目施工图预算文件编制
17	浅谈公路工程质量管理	40	××公路改建工程施工方案计划
18	公路工程质量体系运行机制研究	41	××高速公路投资经济效益分析
19	社会监理体制的探讨	42	软基处理方法的研究(加副标题)
20	完善我国工程监理制的探讨	43	路基施工技术探讨(可以谈具体施工新技术、新工艺,加副标题)
21	论如何提高公路工程项目监理水平		
22	对提高公路工程项目监理水平的思考	44	路面施工技术研究(可以具体分析沥青混凝土路面和水泥混凝土路面,加副标题)
23	浅谈工程变更的费用监理		

续上表

序号	题　目	序号	题　目
45	水泥混凝土路面破损分析	56	高速公路沥青混凝土路面设计、施工、养护管理等有关问题探讨（大方向，需自己定题）
46	浅谈桥梁维护和旧桥施工的质量控制	57	论我国高速公路维修养护机械化
47	公路施工被阻挠原因分析及对策研究	58	山区公路交通现状分析及提高公路养护质量的措施
48	对如何搞好山区公路物排水系统的探讨	59	论高速公路维修与养护
49	浅谈装配式沉井基础施工及其控制	60	浅谈高速公路养护管理发展
50	乳化沥青在道路养护中的应用	61	论高速公路管养分离
51	沥青路面早期病害防治方法的研究	62	浅谈公路养护管理体制的改革
52	影响沥青路面平整度的主要因素分析及对策研究	63	关于××高速公路养护管理体系的探讨
53	高速公路维修与养护管理体制研究	64	浅谈桥梁的美观设计
54	浅谈××高速公路的养护与管理	65	浅谈高速公路的行车安全
55	高速公路的病害分析及其维修养护措施	66	公路工程环保措施的探讨
		67	浅谈公路交通建设与环境保护

四、工商管理、经济管理专业毕业论文选题

序号	题　　目	序号	题　　目
1	物流信息平台运作模式初探	23	上市公司CEO报酬制度的现状分析
2	我国移动通信服务行业的市场分析及策略研究	24	浅析新会计准则体系下公允价值的理论内涵
3	综合型消费者心理需求和购买行为探析	25	《小企业会计制度》研究
		26	浅谈审计风险的产生及防范
4	对B2C电子商务企业物流配送成本的研究	27	我国资本市场与国际资本市场的关联性
5	中小企业信息化问题与对策	28	快速消费品行业进场费研究
6	IT企业知识型员工激励问题研究	29	中小企业的生存之道
7	中小企业发展问题研究	30	企业内部社会资本
8	网上书店服务品质研究	31	激励理论基础上的员工绩效考评
9	网上银行的数据库营销	32	中国劳动力比较优势质疑
10	企业信息化风险分析与防范	33	如何进行可持续的运营和管理创新
11	浅谈建立电子商务网站的若干要素	34	关于中国劳动力优势的简要分析
12	初探逆向物流的模式选择	35	小压力与员工满意
13	我国上市公司分行可转换债券的动机分析	36	中国企业的跨文化管理研究
		37	关于中国家族企业管理若干问题初探
14	小议我国的政府采购制度现状与对策	38	论企业激励机制的构建
15	国有企业改制中的资产定价问题研究	39	人力资源外包中人力资源部门的角色
16	关于我国上市公司股权再融资偏好问题的探讨	40	企业并购后的人才流失
		41	我国城市商业银行的治理问题研究
17	平衡计分卡在企业业绩评价中的应用	42	人才资源管理——透析当代企业人才流动
18	审计质量与风险导向审计		
19	简谈企业集团的全面预算管理	43	学习型组织让员工和组织共同发展
20	我国私营企业的授信问题研究	44	论企业的薪酬战略
21	我国上市公司审计独立性分析	45	浅谈企业采购成本控制和策略
22	我国商业银行资本结构的国际比较、策略研究及启示	46	企业要发展离不开企业文化的建设
		47	论企业的激励机制

续上表

序号	题　　目	序号	题　　目
48	论成本控制在造船业的应用	76	国家经济战略,规划和布局研究论××企业
49	分销渠道管理	77	国际化经营发展模式的比较研究
50	浅谈如何提高团队凝聚力	78	企业业绩评价理论的中西方比较
51	略论企业文化	79	“并购分拆”的类型与战略分析
52	高校贷款必然性及现状与贷款风险的防范措施	80	期权定价理论及企业价值评估中的运用分析
53	浅谈如何增强中小企业自主创新能力	81	企业核心能力理论与管理学科的发展
54	现代科技和公共行政提纲	82	企业战略模型向国际战略转变的理论分析
55	目前商业银行存在的风险及管理	83	公司治理结构的模式选择
56	关于中国企业人力资源管理	84	关于管理整合的探讨
57	论企业管理中的“和谐”管理	85	跨国公司与国家经济发展
58	论第三方物流发展模式及对策	86	从“国有企业”到“国有资产”
59	浅谈供应管理体系	87	经营与管理回归根本
60	论金融控股公司及其在我国的发展	88	中小企业群集及其启示
61	零售企业的供应链管理战略分析	89	国外企业经营者报酬理论研究的新进展
62	企业危机管理分析	90	企业实施经营者股票期权的制度障碍及其对策研究
63	浅析企业人力资源外包的风险与对策	91	连锁企业标准化管理的要素分析
64	论我国中小企业的技术创新战略	92	企业管理中的目标管理和自我控制
65	论企业核心竞争力	93	以全面预算管理带动企业管理水平提升
66	中国中小企业为何难生存难发展	94	董事会治理中的具体问题和对策研究
67	简论消防工程施工企业如何在市场竞争中确立优势	95	控制权,收购与反收购研究
68	中国经济的反市场形态原因分析	96	经理应关心下属
69	知识管理的运作	97	企业竞争情报与社会道德
70	奥运经济“惠及”哪些行业	98	合作与竞争理论研究
71	中国入世,百姓得到了哪些实惠	99	利用数据挖掘管理客户关系
72	论中国绿色产业的发展		
73	管理变革与管理进程		
74	近代民族企业的经营管理思想		
75	“非典”对企业经营的影响和对策研究		

续上表

序号	题　　目	序号	题　　目
100	浅析我国企业游离专利的原因	115	国有企业改革中职工补偿问题研究
101	跨国公司战略调整及中国企业的出路	116	人本管理研究
102	如何进行企业规划	117	论企业的激励机制
103	顾客流失分析	118	企业竞争力研究
104	对民营企业国际化经营问题的探讨	119	知识经济对企业营销的影响
105	跨国公司与现代科技的互动效应	120	企业人力资源管理研究
106	论企业的柔性的本质	121	企业文化与人本管理
107	国有企业委托代理制研究	122	管理中的个体与全体冲突研究
108	上市公司的治理问题研究	123	企业组织智商研究
109	网络经济条件下企业文化新发展	124	企业文化建设的基本思想
110	企业经营者市场化研究	125	民营企业如何留住人才
111	西方家族企业研究	126	对外资并购国有企业的思考
112	国有企业资产流失形成的原因分析	127	我国私营企业的管理创新
113	对我国会展旅游发展问题探讨	128	完善独立董事制度的思考
114	论我国中小企业的行业结构与行业定位	129	我国企业并购过程中的制度性障碍
		130	中小企业如何联姻金融家

五、热能与动力工程、热能动力设备与应用专业毕业设计（论文）选题

序号	题　　目	序号	题　　目
1	锅炉过热器系统热偏差的计算与研究	23	600MW 机组回热系统经济性分析
2	锅炉灭火的原因及对策	24	1000MW 机组回热系统经济性分析
3	火力发电厂热力系统节能分析与改进	25	除氧器标高对给水泵气蚀的影响
4	可调卫燃带改造研究	26	无头除氧器的结构与经济效益分析
5	锅炉灭火对电厂安全经济运行的影响及预防措施	27	无除氧器回热系统的安全和经济运行研究
6	汽轮机调节保护系统分析及改造	28	除氧器振动研究
7	锅炉灭火对安全经济的危害与对策	29	除氧器滑压运行研究
8	超临界锅炉技术研究	30	汽动给水泵汽源选择对系统经济性的影响
9	600MW 亚临界机组热力系统及性能指标分析	31	汽动给水泵变工况运行的安全经济性分析
10	电厂锅炉制粉系统经济运行实验方案的探讨	32	汽动给水泵与电动给水泵的经济性比较
11	锅炉给水泵调速运行经济性分析	33	真空系统严密性分析
12	发电厂热力系统节能分析与改进	34	真空下降对机组经济性的影响
13	PAX 煤粉燃烧器的低 NOX 性能分析	35	循环冷却水温变化对机组运行的热效率影响
14	给水泵定、变速运行综合分析	36	循环冷却水量变化对机组运行的热效率影响
15	低压加热器端差对机组经济性的影响	37	循环水系统优化运行
16	高压加热器端差对机组经济性的影响	38	循环水泵振动分析
17	低压加热器切除对机组安全和经济性的影响	39	旋转滤网运行对机组安全经济性的影响
18	高压加热器切除对机组安全和经济性的影响	40	旋转滤网自启动控制程序设计
19	轴封加热器的经济性分析	41	电厂开式循环冷却水系统对环境的影响
20	轴封加热系统经济性分析		
21	轴封加热系统压力调整研究		
22	300MW 机组回热系统经济性分析		

续上表

序号	题　　目	序号	题　　目
42	电厂闭式循环冷却水系统对环境的影响	65	中间仓储式制粉系统与直吹式制粉系统的结构特点
43	不同空冷系统对机组经济性的影响	66	直吹式制粉系统参与电网一次调频能力的研究
44	空冷机组变工况热效率分析		
45	空冷机组最佳工况分析	67	四角切圆锅炉的运行分析
46	空冷系统故障分析	68	对冲燃烧锅炉的运行分析
47	汽轮机静态特性分析	69	W 锅炉的结构特点与运行
48	汽轮机主蒸汽汽温和汽压变化对其热效率的影响	70	送风机、引风机喘振研究
		71	风机振动分析与处理
49	汽轮机主蒸汽汽温和汽压变化对其安全性的影响	72	煤粉细度对锅炉结渣的影响
		73	制粉系统最佳煤粉细度研究
50	汽轮机再热蒸汽汽温和汽压变化对其热效率的影响	74	四角切圆锅炉过热蒸汽超温的原因分析与处理措施
51	汽轮机再热蒸汽汽温和汽压变化对其安全性的影响	75	W 锅炉结渣特性分析与运行调整
		76	锅炉爆管事故分析
52	汽轮机背压变化对机组安全和经济的影响	77	炉膛火焰中心变化对汽温的影响
		78	汽包锅炉水位调节分析
53	汽轮机旁路系统分析	79	锅炉减温水系统分析
54	汽轮机润滑油乳化分析	80	直流锅炉启动系统分析
55	汽轮机 EH 油系统分析	81	直流锅炉最佳启动流量的确定
56	汽轮机轴承油温过高分析	82	直流锅炉干湿转换的运行状态分析
57	汽轮机疏水系统经济性分析	83	直流锅炉的汽温调节
58	汽轮机密封油系统分析与改进	84	锅炉受热面磨损分析
59	汽轮发电机组振动分析与研究	85	300MW 机组锅炉不投油的最低稳燃负荷分析
60	汽轮机最佳真空分析		
61	汽轮机快冷技术研究	86	600MW 机组锅炉不投油的最低稳燃负荷分析
62	等离子点火系统的经济性分析		
63	混煤燃烧对机组的安全和经济性的影响	87	1000MW 机组锅炉不投油的最低稳燃负荷分析
64	汽包锅炉与直流锅炉的结构特点分析	88	300MW 机组调峰运行方式的分析与研究

续上表

序号	题　目	序号	题　目
89	600MW 亚临界机组调峰运行方式的分析与研究	103	300MW 锅炉正反热平衡计算
		104	600MW 亚临界锅炉正反热平衡计算
90	600MW 超临界机组调峰运行方式的分析与研究	105	600MW 超临界锅炉正反热平衡计算
		106	600MW 超超临界锅炉正反热平衡计算
91	600MW 超超临界机组调峰运行方式的分析与研究		
		107	1000MW 锅炉正反热平衡计算
92	1000MW 机组调峰运行方式的分析与研究	108	300MW 机组热效率计算与分析
		109	600MW 亚临界机组热效率计算与分析
93	300MW 机组变工况运行的经济性分析	110	600MW 超临界机组热效率计算与分析
94	600MW 亚临界机组变工况运行的经济性分析	111	600MW 超超临界机组热效率计算与分析
95	600MW 超临界机组变工况运行的经济性分析	112	1000MW 机组热效率计算与分析
		113	锅炉灰渣的综合利用
96	600MW 超超临界机组变工况运行的经济性分析	114	锅炉脱硫脱硝系统运行分析
		115	循环经济在电厂的运用
97	1000MW 机组变工况运行的经济性分析	116	循环流化床部件磨损原因分析
98	300MW 汽轮机回热系统热力计算及计算方法研究	117	循环流化床热效率计算
		118	垃圾发电的可行性分析
99	600MW 亚临界汽轮机回热系统热力计算及计算方法研究	119	垃圾发电存在的问题及处理措施
		120	垃圾发电的经济效益与社会效益研究
100	600MW 超临界汽轮机回热系统热力计算及计算方法研究	121	生物质能的利用
		122	太阳能热力发电研究
101	600MW 超超临界汽轮机回热系统热力计算及计算方法研究	123	新能源发电技术探讨
		124	燃汽轮机组热效率计算
102	1000MW 汽轮机回热系统热力计算及计算方法研究	125	燃汽轮机组存在的问题及处理对策

六、会计学、会计专业毕业论文选题

序号	题目	序号	题目
1	资产减值若干问题的探讨	27	××企业内部审计改革
2	对提高会计信息质量的思考	28	对固定资产核算的认识与思考
3	对完善××企业内部控制的探讨	29	会计集中核算对审计的影响及对策
4	论会计舞弊与反舞弊	30	关于债转股的财务分析与对策
5	我国会计国际化问题探讨	31	试论国企资本结构存在的问题及优化对策
6	××企业内部控制的问题与对策		
7	论我国预算会计制度改革的发展方向	32	论企业并购过程中的审计风险
8	对企业环境负债会计处理的探讨	33	论集团公司财务管理的集权与分权
9	对或有事项会计处理问题的探讨	34	××公司治理结构与企业内部控制
10	对不确定性事项会计处理的探讨	35	对企业会计准则——或有事项的几点思考
11	上市公司会计信息质量面临的挑战与思考		
		36	论审计报告意见类型与注册会计师的法律责任
12	上市公司会计信息失真及对策		
13	××企业税务筹划	37	对注册会计师职业信誉危机的思考
14	内部会计控制与会计信息质量的探讨	38	对企业会计准则——债务重组的几点思考
15	新经济时代财务报告发展趋势		
16	物流成本管理若干问题探讨	39	关于人力资源会计处理问题的探讨
17	××施工项目成本控制探讨	40	内部控制理论与实践探讨
18	库存成本管理应用探讨	41	环境会计信息披露的规范问题探讨
19	合并会计报表若干问题探讨	42	对加强公路建设资金管理的思考
20	预算管理若干问题探讨	43	对××施工企业成本控制的思考
21	对独立审计的诚信问题的思考	44	对××企业绩效评价的思考
22	对审计独立性的分析	45	对××企业成本控制的思考
23	我国上市公司资本结构存在的问题与对策	46	对××单位内部会计委派制的思考
		47	对改进我国财务报告体系的思考
24	企业并购的财务问题探讨	48	债权人对企业财务报告分析与利用的探讨
25	论应收账款的内部控制		
26	投资者视角下的财务报告分析	49	论管理者对财务报告信息的分析与利用

续上表

序号	题　　目	序号	题　　目
50	会计道德对会计信息真实性的影响	76	现行财务分析指标的缺陷与改进
51	建立健全总会计师制度的思考	77	网络时代的内部会计控制初探
52	注册会计师诚信问题的探讨	78	××企业财务报表粉饰行为及其防范
53	企业营运资金有效利用的探讨	79	上市公司关联交易及利润操纵行为探讨
54	××国有企业资本结构及其优化的探讨	80	会计准则的国际协调——对上市公司年报境内
55	试论企业流动资金利用与管理策略	81	外年报审差异的思考
56	试论企业财务管理目标的选择与实现	82	我国上市公司筹资动机的实证分析
57	××企业负债经营风险控制策略	83	论公允价值在我国会计准则中的运用
58	论完善公司治理结构的财务对策	84	中小企业筹资问题及对策分析
59	论我国上市公司股利分配存在的问题与对策	85	论施工项目投标过程中的财务管理
60	关于优化我国企业资本结构的构想	86	企业并购财务问题探讨
61	论注册会计师审计风险及其规避	87	人力资本参与企业收益分配探讨
62	完善上市公司独立董事制度的探讨	88	中国特色会计与国际会计惯例的协调探讨
63	电力市场与垄断竞争问题探讨	89	会计信息的相关性与可靠性分析
64	小水电的成本控制之我见	90	论新经济环境下的会计师职业职责
65	项目融资渠道与策略	91	论会计师事务所合并趋势
66	电力产业融资创新的途径探讨	92	对会计师事务所执业风险的探索
67	××电力上市公司的相关问题探讨	93	论对国有资本金效绩评价的必要性
68	(电力)项目(或产品)市场调查与预测分析	94	论会计信息有用性与经济性
69	试论供电人中止履行合同措施的适用	95	浅谈新经济环境下的成本控制
70	论供电企业电费债权的保障	96	电子商务与适时生产系统(JIT)的探讨
71	论电力企业电费回收的法律对策	97	责任会计指标体系的设计
72	上市公司财务报表真实性探讨	98	投资决策方法体系的探讨
73	优化我国电力投资布局的设想	99	论内部控制制度与反腐倡廉
74	买方市场下优化我国电力投资规模与结构的探讨	100	中外会计比较探讨
75	电力市场需求不足与电力投资规模问题探讨	101	国家投资建设项目管理模式及规范管理探讨

续上表

序号	题　目	序号	题　目
102	注册会计师的法律责任探讨	119	浅议企业预算管理
103	社会责任会计探讨	120	投资项目风险防范分析
104	财务分析业绩评价的相关问题探讨	121	项目融资渠道与策略
105	风险投资相关问题探讨	122	风险投资问题探讨
106	财务危机的预警分析探讨	123	经济全球化背景下农业产业化金融支持探讨
107	电力企业税收问题探讨		
108	论供电企业电费债权的保障	124	浅谈高科技企业的价值评估
109	论电力企业电费回收的法律对策	125	××上市公司再融资方式的比较分析
110	买壳上市的成本分析	126	××企业集团财务问题探讨
111	从中外会计差异分析谈中国会计特色	127	××企业流动资金管理探讨
112	“会计打假”问题的提出及对策思考	128	企业产权并购(资产重组)财务问题探讨
113	谈如何强化会计监督的法律地位		
114	网络时代的会计思维	129	关于保险风险及其防范和化解的相关论题
115	如何建立现代企业的会计控制体系		
116	谈现金流量表财务分析指标体系的建立	130	论融资在企业建立和发展中的地位和作用
117	论投资决策责任制		
118	电子商务与会计电算化	131	论内部控制制度测试与评价

七、计算机科学与技术、计算机应用技术专业毕业设计(论文)选题

序号	题　　目	序号	题　　目
1	基于 Delphi 模糊查询功能的实现	23	商品的进销存系统的设计与实现
2	基于 Delphi in Win socket API 网络编程	24	教务管理系统的设计与实现
3	基于 ASP 的电子商务管理系统设计	25	大型酒店综合业务管理系统的设计与实现
4	聊天室的制作	26	网站的设计与实现
5	远程网络教学系统研究	27	图像的噪声处理
6	基于 Internet 的电厂管理信息系统研究	28	图像的平滑处理
7	一种多媒体展示系统设计	29	聚类和分类的研究
8	微机控制的彩灯系统	30	智能系统中的推理技术
9	多种排序方法的比较与实现	31	Windows 环境下的入侵检测系统
10	考勤管理系统	32	自动排课系统——机房排课子系统
11	餐饮管理系统	33	基于数据挖掘的客户关系管理系统
12	关联规则挖掘的研究——衡量标准的研究	34	妇幼卫生信息系统——出生证管理系统
13	关联规则挖掘的研究——高效算法的研究	35	妇幼卫生信息系统——统计子系统
14	关联规则挖掘的研究——海量数据库的研究	36	一个在线书店的管理系统设计及实现
		37	一个在线式学生档案管理系统
15	数据挖掘的分类研究	38	一个小说网站的建立
16	数据挖掘的聚类研究	39	动态显示登录用户信息的实现
17	远程教学系统研究及其网站开发——在线交流模块设计与实现	40	教职工工资档案管理信息系统
		41	路由器的基本原理和安全设置
18	远程教学系统研究及其网站开发——远程考试模块设计	42	网上国有资产管理系统设计
		43	多媒体人事管理系统设计
19	校园网络规划设计	44	实验中心网站的建立
20	基于 Winsocket 的应用程序设计——FTP 客户服务器程序设计	45	网络 IP 组播设计
		46	学生成绩查询系统
21	基于 Winsocket 的应用程序设计——Chat 客户服务器程序设计	47	学历证书查询系统
		48	通讯录管理系统
22	大学生综合素质评价系统的设计与实现	49	标准化试题考试系统

续上表

序号	题　目	序号	题　目
50	图书管理系统	73	财务工资管理系统
51	商品的进销存系统的设计与实现	74	餐饮管理系统
52	教务管理系统的设计与实现	75	仓库管理系统
53	基于 ASP. NET 的图书管理系统	76	长途汽车信息管理系统的设计与实现
54	基于 VC + + 的多媒体播放器的设计与实现	77	超市进销存管理系统
55	基于 UML 企业人事管理系统	78	车辆管理系统
56	基于 UML 销售管理系统	79	电子教务系统
57	基于 J2EE 的房屋租赁管理系统	80	多媒体教学演示系统
58	基于 ASP. NET 网上订餐系统的设计与开发	81	俄罗斯方块游戏
59	面向传统邮件服务的电子商务平台开发	82	房屋销售管理信息系统
60	ASP. NET 在线音乐网站	83	干部档案管理系统
61	ASP. NET 高校科研管理系统	84	基于 ASP. NET 实现的实验室网络管理系统
62	企业产品在线展示销售平台	85	基于 ASP. NET 的在线考试及试卷分析系统的设计与实现
63	基于 ASP. NET 的多媒体资源库网站建设	86	FTP 客户端的设计与实现
64	基于 JAVA 聊天系统的设计与实现	87	Ipv6 环境下 FTP 系统的设计与实现
65	基于 NET 的项目管理系统	88	J2EE 公交查询系统的设计与实现
66	基于 ASP. NET 和 Ajax 实现的无刷新聊天室	89	J2EE 音像店租赁管理系统的设计与实现
67	基于 ASP 的体育俱乐部网站的设计与实现	90	J2ME 手机游戏的开发——Beckham Goal
68	基于 ASP. NET 的体育用品网站销售系统的设计与实现	91	J2ME 五子棋手机网络对战游戏的设计与实现
69	基于 ASP. NET 的体育用品网站后台维护系统设计与实现	92	JAVA ME 无线网络移动端的俄罗斯方块游戏的实现(最终修改版)
70	基于 ASP 技术的电子地图的设计与实现	93	JAVA SMART 系统——系统框架设计与开发
71	毕业生选题管理系统	94	JAVA WAP WML 信息查询发布系统 WML 信息查询设计
72	宾馆管理系统		

续上表

序号	题　目	序号	题　目
95	JAVA 班主任管理系统	116	基于 ASP. NET 的邮件收发系统的设计与实现
96	JAVA 办公自动化系统	117	学院图书管理系统
97	JAVA 本地监听与远程端口扫描	118	药店信息管理系统
98	JAVA 基于 J2EE 酒店管理系统设计与实现	119	医疗器械公司网站客户服务系统
99	JAVA 基于 J2ME 平台的掌上网络商店服务器端的开发	120	医药连锁店管理系统
		121	医院管理系统病历管理系统
100	JAVA 基于 J2ME 平台的掌上网络商店客户端的开发	122	医院信息管理系统
		123	音乐网站的设计与实现
101	JAVA 基于 Misty1 算法的加密软件的实现	124	音像销售系统的设计与实现
102	JAVA 基于纠错码的冗余技术的研究 EVENODD 码的设计与实现	125	网上购物系统
		126	影片租赁系统
103	JAVA 基于网络爬虫的搜索引擎设计与实现	127	员工信息管理系统
		128	远程教育网管理系统
104	JAVA 基于遗传算法的中药药对挖掘系统的设计与实现	129	在线测试系统
		130	在线订票系统
105	JAVA 局域网监听软件的设计与开发	131	在线二手交易系统
106	基于 Java 语言的浏览器的设计与实现	132	在线花店系统
107	JAVA 两个通用安全模块的设计与实现	133	在线交易网站
108	基于 Struts 和 MySQL 的 BBS 论坛	134	在线教育系统
109	电子图书阅览系统的设计与实现	135	在线考试系统
110	办公自动化系统的设计与实现	136	在线图书销售系统
111	基于 VC + + 的酒店餐饮管理系统	137	在线新闻发布系统
112	基于 VC + + 的学生信息管理系统	138	在线选课系统
113	基于 ASP. NET 的网上选课系统的设计与实现	139	在线学习系统
		140	在线招聘系统的设计与实现
114	基于 ASP. NET 的文献检索系统的设计与实现	141	政府采购管理信息系统
		142	智能辅助教学系统
115	基于 ASP. NET 的游泳馆管理系统的设计与实现	143	住宅小区物业管理住户管理子系统
		144	作业提交与批改系统

续上表

序号	题　　目	序号	题　　目
145	客户关系管理系统	172	JSP EIMS 系统——OA 子系统的设计与开发
146	企业进销存管理系统	173	JSP Iptables 图形管理工具的设计与实现
147	汽车销售集团网站	174	JSP P2P 教学辅导系统论文
148	OA 办公自动化系统	175	JSP P2P 文件共享
149	Windows 系统辅助管理程序设计与开发	176	JSP Portal 技术的个性化门户网站开发
150	毕业论文管理系统	177	JSP Smart 系统——公共资源模块的设计与开发
151	JAVA 聊天系统的开发和研究	178	JSP Smart 系统——考试管理及成绩查询模块的设计与开发
152	JAVA 面向 Internet 上的 CSCW 的共享白板的设计与实现	179	JSP Smart 系统——考试监控及阅卷模块的设计与开发
153	JAVA 泡泡堂网络游戏的设计与实现	180	JSP Smart 系统——权限管理与日志记录模块的设计与开发
154	JAVA 手机游戏(堡垒)的设计与开发	181	JSP Smart 系统——题库及试卷管理模块的设计与开发
155	JAVA 数据库连接池的研究与实现	182	JSP Struts 实现的论坛系统
156	JAVA 图书馆书库管理系统	183	JSP Web 音乐搜索软件的设计与实现
157	JAVA 网络通信系统的研究与开发	184	JSP 财务管理系统
158	JAVA + SQL Sever2000	185	JSP 仓储管理系统
159	JAVA 文档格式化系统后台模块的设计与实现	186	JSP 机房上机收费管理系统
160	JAVA 文件压缩与解压缩实践	187	JSP 基于 J2EE 构架的 C2C 拍卖系统
161	汽车网页管理系统	188	JSP 企业人事管理系统
162	JAVA 五子棋游戏的设计	189	JSP 汽车销售
163	JAVA 物业管理系统	190	JSP 求职网的设计与实现
164	JAVA 一个简单的即时通讯工具的设计与开发	191	JSP 人力资源管理系统的设计与实现
165	JAVA 医药管理系统	192	JSP 人事综合信息管理系统
166	JAVA 银行账目管理系统	193	JSP 师生交流平台课程管理子系统
167	JAVA 游戏设计打飞机程序	194	JSP 实现的简单旅游管理系统
168	JSP BBS 系统设计(JSP + Struct + MySql)		
169	JSP BS 结构下的邮件系统设计开发		
170	JSP CD 销售管理系统		
171	JSP C 语言试题生成与考试系统		

续上表

序号	题　目	序号	题　目
195	JSP 网上购物系统的设计与实现	225	计算机组成原理教学网站
196	JSP 网上教学资源共享系统	226	家教信息管理系统
197	JSP 网上考试系统的设计与实现	227	交友网设计
198	JSP 网上书店设计与实现	228	教材管理系统
199	网络招聘系统	229	教师档案管理系统
200	毕业论文管理系统	230	教师信息管理系统
201	毕业设计网上选题系统	231	教学课件网站
202	博客网站	232	教学评估系统
203	档案管理系统	233	局域网文件共享及检索系统
204	工资管理系统的设计与实现	234	考试报名信息处理系统
205	公交查询系统的设计与实现	235	客户关系管理系统
206	基于 BS 的工艺品展示系统	236	校园论坛的设计与实现
207	基于 BS 的家教交流平台	237	校园网站设计
208	基于 BS 的人才交流网站	238	公司经营管理系统
209	基于 BS 结构的仓储物流管理系统	239	自动点歌系统
210	基于 BS 结构的二手交易系统	240	VB. NET 高校科研管理系统
211	基于 BS 结构的房屋租售管理系统	241	VB. NET 机房管理系统
212	基于 BS 结构的工厂设备管理系统	242	VB. NET 基于. net 企业订单管理系统的开发
213	基于 BS 结构的工艺品销售系统		
214	基于 BS 结构的旅游网站	243	VB. NET 教务信息管理系统的设计与实现
215	基于 BS 结构的学生交流论坛		
216	基于 BS 结构的学生在线选课系统	244	VB. NET 酒店管理
217	基于 BS 模式的中小企业人事管理系统	245	VB. NET 酒店管理系统 + 论文
218	基于 WEB 的办公自动化管理系统	246	VB. NET 酒店预订信息管理系统的设计
219	基于 WEB 的房屋出租管理系统		
220	基于 WEB 的商场管理系统	247	VB. NET 图书管理系统
221	基于网络环境的库存管理系统	248	VB. NET 图书管理系统 1
222	基于遗传算法的在线考试系统	249	VB. NET 网吧计费系统软件
223	集成客户关系管理的企业网站	250	VB. NET 小型酒店管理系统的设计
224	计算机实验室教学管理系统	251	车队综合调度管理系统

续上表

序号	题目	序号	题目
252	BS 模式的计算机等级考试管理系统	263	数据采集电路 PCB 的设计与制作
253	C 语言教学网站及网上考试系统	264	悬挂运动控制系统
254	机房管理系统的设计与实现	265	一个基于单片机精确计时的电源开关程序的设计与实现
255	网站开发设计中的研究与开发	266	嵌入式系统开发要素的选择分析
256	电子相册	267	嵌入式系统在多点温度控制中的应用
257	动态口令认证的网上选课系统	268	公交路线查询系统的设计和实现
258	网上留言管理系统的设计	269	WEB 攻击异常检测技术的研究和实现
259	网上拍卖系统	270	基于 BS 的图书销售管理系统的设计与实现
260	网上人才招聘系统设计与实现人事流程处理	271	基于 BS 结构的在线学籍管理系统
261	人机接口设备——LED 类部件的仿真实现	272	基于 IPv6 的下一代校园网设计
262	人机接口设备——开关类部件的仿真实现		

八、水利水电工程、水利水电建筑工程专业毕业设计（论文）选题

序号	题　　目	序号	题　　目
1	××县城防洪工程初步设计	12	××急流回旋基地设计
2	××水库重力坝方案	13	××泄洪闸工程
3	××电力排涝工程	14	××节水灌溉示范工程
4	××闸重建工程	15	××电排增容改建工程
5	××排水闸改建工程	16	××隧洞设计
6	××电排改造工程措施	17	××溢洪道加固设计
7	××水电站工程初步设计	18	××电站进水口设计
8	××移河整治工程	19	挡土墙设计
9	××水电枢纽工程	20	××防洪堤配套工程设计措施
10	××防洪水库工程初步设计	21	××水电站技术施工设计
11	××水库除险加固工程		

附　　件

附件一 毕业设计(论文)封面及扉页

长沙理工大学继续教育学院

________届本科（专科）毕业论文

题目 ________________________________

所在函授站 ________________

班　　　级 ________________

学　　　号 ________________

姓　　　名 ________________

指 导 教 师 ________________

年　　月

(题　　　目)

所在函授站 ____________________

班　　　级 ____________________

学　　　号 ____________________

姓　　　名 ____________________

指 导 教 师 ____________________

完 成 日 期 ______年______月______

长沙理工大学继续教育学院

______届本科（专科）毕业设计

题目 ________________________________

所在函授站 ____________

班　　级 ____________

学　　号 ____________

姓　　名 ____________

指导教师 ____________

年　　月

(题　　　目)

所在函授站 ____________________

班　　　级 ____________________

学　　　号 ____________________

姓　　　名 ____________________

指 导 教 师 ____________________

完 成 日 期 ______年______月______

附件二　毕业论文例文

长沙理工大学继续教育学院

2012 届本科毕业论文

题目 上市公司关联交易有关问题探讨

所在函授站 衡阳电大城南分校

班　　级 衡阳电大2010会计学

学　　号 2010APH84001

姓　　名 王　微

指导教师 张　罗

2012年4月

上市公司关联交易有关问题探讨

所在函授站　衡阳电大城南分校

班　　　级　衡阳电大2010会计学

学　　　号　2010APH84001

姓　　　名　王　微

指 导 教 师　张　罗

完 成 日 期　2012年4月

上市公司关联交易有关问题探讨(题目小一号黑体)

摘　　要(小二号黑体)

近几年来,我国上市公司与集团公司不公平关联交易泛滥,由此引发了诸多问题,严重损害了国家、中小股东、债权人及上市公司自身的利益,并妨碍了证券市场的健康发展,因此对上市公司关联交易有关问题探讨具有很好的理论与实践意义。

本文主要对上市公司关联交易的基本类型、上市公司关联交易的动机、上市公司不公平关联交易的成因等方面进行了分析,并针对动机和不公平关联交易的成因,从优化上市公司股权结构、完善上市公司法人治理结构、完善相应的法律法规、加强对新上市公司的审核管理等方面,提出了规范我国上市公司关联交易的对策。

本论文提出的相关对策为规范我国上市公司关联交易的公平性和秩序具有积极的作用,也可为相关的上市公司规范自己的交易行为,提高的市场运作水平提供有益的帮助和理论借鉴。

关键词(小四黑体):上市公司;关联交易;股权结构;治理结构(小四号宋体)

目　　录(小二号黑体)

目　　录(小二号黑体)

上市公司关联交易是指上市公司同集团公司或其他关联企业发生的转移资源或义务的事项。据统计,1997 年我国上海、深圳两市的上市公司中,有 84.6% 的公司披露存在不同程度的关联交易,1998 年这一比例为 80%,2000 年为 93.2%,2002 年则为 93.7%,呈现出不断上升的趋势。虽然关联交易作为资本扩展和运营的手段,具有降低交易成本、促进规模经营、优化资源配置等作用,但由于关联交易与市场竞争、公开竞价的方式不同,其价格可由关联双方协商确定,由此引发的关联交易很容易成为上市公司与其关联方之间调节利润、转嫁风险、避税和一些部门及个人谋取私利的手段。不公平关联交易的泛滥,已经引发了诸多问题,严重损害了国家、中小股东、债权人及上市公司自身的利益,并妨碍了证券市场的健康发展,因而如何规范上市公司的关联交易,值得进一步探讨。(正文用小四号宋体,1.5 倍行距)

1 上市公司关联交易的类型

(一级题序和标题用小二号黑体,居中,距下面正文两倍行距)

上市公司关联交易具有多种形式,按其交易性质可分为两大类。

1.1 经营往来中的关联交易(二级题序和标题用小三号黑体)

我国的上市公司大多数是由国有企业改制或进行部分资产剥离而成的,因而它们与集团公司——原国有企业存在着千丝万缕的联系,有的甚至是唇齿相依,不可避免地发生各种经济往来,因而经营往来中的关联交易也比较频繁。其主要形式有以下几种。(正文用小四号宋体,1.5 倍行距)

1.1.1 关联购销(三级题序和标题用四号黑体)

由于非整体上市,许多上市公司本身并未构成完整的产供销流程,要依赖于集团公司原材料供应渠道或产品销售网络,因此,上市公司与集团公司间发生关联购销在所难免。此类关联交易是否公平合理,主要看交易价格是否公平合理,若按公允市价进行交易,则为公平关联交易;若背离公允市价,将为不公平关联交易。

1.1.2 费用转移与资产租赁

公司改制上市后,上市公司与集团公司之间普遍存在着无形资产和厂房设备等固定资产的租赁关系,并且还需要集团公司提供有关方面的服务,双方会因此签订有关资产租赁和费用分摊标准的协议。由于这些费用缺少可比市价作为参考,外界无法判断其合理性,操作弹性较大,这在客观上为上市公司和集团公司之间转移费用、转移利润提供了可行的空间。

1.1.3 资金占用和信用担保

按照国际惯例,企业之间不允许相互拆借资金,但鉴于我国上市公司和集团公司之间的特殊关系,资金往来相当频繁,大有变相拆借资金之嫌。一般来说,上市公司的融资能力强于非上市公司,上市公司往往通过收取资金占用费形式为集团公司或其他关联公司垫付部分资金。收取资金占用费的形式多样,具有很大的灵活性,这就为上市公司和集团公司之间调剂利润大开方便之门。另外,由于上市公司的资信等级普遍高于非上市公司,比较容易获得信贷资金的支持,因此,在集团公司的支配下,上市公司常常为集团公司贷款进行担保,形成或有负债,增加了上市公司的财务风险。

1.2 资产重组中的关联交易

资产重组是指通过兼并、收购、出售等方式,实现资产主体的重新选择和组合。由于我国对公司价值评估缺乏相应的理论体系和操作规范,公司并购的法律和财务规范不够完善,主观上亦有地方政府、国有资产管理部门的刻意参与,使得上市公司常以集团公司及其下属公司为依托进行一系列的资产重组,以实现改观业绩状况、转移资金和利润或从证券二级市场炒作获利之目的。资产重组中的关联交易形式主要有以下三种。

1.2.1 资产转让

常见的资产转让方式有两种:一是不良资产的剥离,当上市公司出现业绩滑坡时,上市公司将不良资产与等额债务剥离给集团公司,以达到降低账面亏损之目的。在我国较为常见的是上市公司将不良的长期投资转卖给集团公司,这种不等值的资产转让，使得上市公司在发生严重的资产减值、难以收回投资的情况下，通过操纵交易价格，不仅可以完全收回投资成本，甚至还可能因买卖价差获取一定数额的投资收益。二是优质资产的注入，集团公司将优质资产低价卖给上市公司或与上市公司拥有不良资产进行置换，从而达到改善上市公司资产质量之目的。

1.2.2 托管经营

所谓托管经营，是指在资产的所有权不发生转移的情况下，委托方以收取一定比例的托管费为条件，将资产委托给受托方经营。在企业集团内部，托管经营的方式主要有两种：一是上市公司将不良资产委托给集团公司经营，定额收取回报，使上市公司回避了不良资产亏损的风险，同时又可以获得一定的利润；二是集团公司将高盈利能力的资产以低收益的形式由上市公司托管，从而将利润转移至上市公司。

1.2.3 合作投资

上市公司与集团公司就某一具体项目联合出资，并按事先确定的比例分配利润。这种投资方式因关联关系的存在，达成的几率较高，但操作透明度较低，尤其是分配利润比例的确定。这又为上市公司与集团公司转移利润打开了一条通道。

从上市公司角度来看，与集团公司进行的不公平关联交易主要有两种类型：一是“输入利益型”关联交易，即为了取得上市资格或在上市公司经营业绩不佳时保住配股资格、避免摘牌，通过与上市公司的关联购销、资产重组、资产托管、承包经营等手段，由集团公司向上市公司转移经营利润，在短期内人为提升上市公司经营业绩；二是“抽取利润型”关联交易，即集团公司利用控股地位，利用关联交易占用上市公司资源或直接将上市公司的利润转移至集团公司或其他关联企业。值得注意的是，由于上市公司与集团公司一般在经营状况、筹资渠道等方面存在差距，“输入利益型”关联交易只是手段，而“输入利益型”关联交易才是最终目的。

在现实经济生活中，“抽取利润型”关联交易的常见形式主要有：集团公司廉价或无偿占用上市公司资金；集团公司向上市公司高价供应材料；集团公司向上市公司高价转让资产，尤其是劣质资产；由上市公司承担集团公司的费用，如管理费用、广告费用、研究开发费用等;上市公司为集团公司贷款进行担保;向上市公司低价收购产品,然后转售以获取利润,却不向上市公司支付货款,致使上市公司应收账款不断增加,资金被长期占用;集团公司向上市公司低息拆借资金,上市公司以高息从集团公司拆借资金或向集团公司内部职工筹资;集团公司与上市公司投资设立合资企业,集团公司高估入股资产从而多占股份或以次充好占用上市公司资产。

2　我国上市公司关联交易的动机

（每个一级标题另起一页）

对于上市公司来说,关联交易是必然的,关联人也是一般法人,应与其他法人一样,享有同等的市场条件和交易的权利。在公平的关联交易情况下,上市公司发生关联交易的动机主要有:降低交易成本,提高企业的营运能力,盈利能力和整体竞争能力,提高资产利用效率。我国上市公司关联交易中有很大一部分是不公平关联交易,其动机有着自己的特殊性,这种特殊性主要来源于我国特有的体制因素。

2.1　为了企业改制上市

企业要上市,必须具备一定的条件,许多大型国有企业为了达到上市的目的,通常采取资产重组、非经营资产剥离的方式,“造”出一个达到标准的上市公司。进入上市公司的一部分单位与未进入上市公司的另一部分单位之间原有的亲缘关系,使得上市公司从成立之日起就由于人事交叉、股权控制或影响而形成关联方关系,并自然而然带来商品购销、资金借贷和资产租赁等关联交易。

2.2　为了获得股权资格

企业上市后,在证券市场再融资的主要方式就是配股,而为了保护广大投资者的利益,同时为了使有限的资金流向绩优的上市公司,国家对上市公司配股条件作出了比较严格的规定。在正常经营无法达到配股条件的情况下,上市子公司往往利用企业集团内部的关联交易粉饰企业的经营业绩,努力达到净资产收益率10%的配股条件,以便充分发挥上市子公司的“壳”资源价值。

2.3　为了防止股票退市或被ST处理

按我国证券市场管理制度,上市公司在两种情况下被认为是财务状况异常

(ST,Special Treatment),其一是最近两个会计年度的审计结果显示的净利润均为负值;其二是最近一个会计年度的审计结果显示其权益低于注册资本(每股净资产低于股票面值)。如果上市公司在三年内不能扭亏,就要退市(2002 年 5 月 1 日以前是被 PT,之后取消 PT 制度)。所以,许多公司利用企业集团内部的关联交易,在两年亏损之后,第三年神奇般地扭亏为盈。另外,处在 ST 边缘的上市公司也同样利用企业集团内部的关联交易,使自己免于被 ST 处理。

3　我国上市公司不公平关联交易的成因

如上所述,我国上市公司的关联交易大多是不公平的。不公平关联交易的存在,既有经济方面的原因,也有体制方面的原因,概括起来,主要有以下几个方面。

3.1　上市公司的股权结构不合理

我国上市公司的股权结构是相当特殊的,多数是由国家股、法人股和社会公众股三部分构成,其中国有股(包括国家股和国有法人股)比重过大,且不能上市流通。所以,上市公司名义上是公众化公司,实际上是控股股东(对企业集团而言是集团公司)的公司。当控股股东的利益与中小股东及其债权人利益的不公平关联交易。

3.2　上市公司治理结构有缺陷

由于国有股占据绝对优势,但国有股所有者代表缺位,不能形成真正意义上的股东;中小股东所持股份甚少,因而很少有机会参加股东大会,即使参加也没有什么发言权,往往使股东大会不能真正发挥作用。另外,公司监事会不能发挥应有监督功能。我国上市公司监事会主要由股东代表和职工代表组成,而股东代表绝大部分由大股东委派,职工由于在职务上属于经理的下级,在很多情况下,董事会间接控制着监事会,甚至有些公司的监事会不能列席董事会,无法了解公司的经营状况,监事无法发挥其监督职能。在这种股东大会和监事会不能发挥应有职能的情况下,公司的控制权实际掌握在公司的经理层手中,“内部人控制”现象严重。当公司的经理层为了自己的利益,与关联方发生不公平的关联交易时,对其的限制、监督就非常有限。

3.3 有关的法律法规不健全

我国法律法规涉及关联交易的规定首见于税法，其次就只有国务院颁布的行政法规《股票发行与交易管理暂行条例》、中国证监会制定的一系列部门规章及批准的沪、深两市《股票上市规则》和财政部颁布的《企业会计准则——关联方关系及其交易的披露》，但它们基本上集中对关联交易的信息披露进行规定，缺乏可操作性。法规建设的滞后，给不公平关联交易以可乘之机。另外，对违规处罚力度不够，对处于弱势地位的广大中小股东没有相应的法律救济措施，也是我国上市公司不公平关联交易泛滥的一个原因。

3.4 市场机制还不够完善

国有企业改制不彻底，没有真正做到政企分开，特别是上市公司与集团公司之间没有做到真正的人员、资产和财务的三分开。而且在计划经济向市场经济过渡时期，经济环境和资产交易方式不成熟、不规范，为交易各方达成公允价格带来一定困难，常常由于各种利益关系而使关联交易价格成为“母子公司”转移利益的调节器。

4　规范我国上市公司关联交易的对策

关联交易是客观存在且难以避免的，但只要按市场交易规则合理规范关联交易，客观上可以防止关联交易对有关各方产生的不利影响，使关联交易朝着有利于上市公司及资本市场正常运行的方向健康发展。规范上市公司关联交易的对策如下。

4.1　优化上市公司股权结构

优化上市公司股权结构，必须积极稳妥地解决国有股的流通问题，这是我国证券市场面临的一大难题。国有股不流通，上市公司不能真正成为公众化公司，由此带来许多负面影响；但国有股直接上市流通，势必对我国刚刚兴起的股市造成巨大冲击，甚至有“崩盘”的可能，我国“国有股减持”尝试的失败充分证实了这一点。由此可见，国有股处于一种两难困境，不流通不行，直接上市流通现实条件又不具备。笔者认为，国有股在两难困境中只能走“中间道路”，即通过协议转让等方式实现国有股流通。控股股东（集团公司）通过协议方式将部分国有股转让给其他股东，这样可以降低控股股东的持股比例，提高上市公司的公众化程度，从而有效地制约上市公司与控股股东不公平的关联交易。

4.2　完善上市公司法人治理结构

我国上市公司中董事会成员与集团公司代表或高层管理人员“同构化”，是导致集团公司侵害上市公司利益的根本原因。因此，重构上市公司董事会，是保护上市公司权益的有效措施。在董事的产生方式上，董事应由上市公司所有利益相关者的成员代表组成，董事长由董事会成员共同投票选举产生。坚决杜绝上市公司董事或董事长由集团公司指派的现象，不允许董事在集团公司或其他关联企业同时任职;此外,还应推行独立董事制度。独立董事的一个重要作用就是代表中小股东对涉及控股股东或公司或其他关联人士的交易行为进行监督,对关联交易的公平性发表意见,必要时可聘请专业评估师、独立财务顾问进行咨询。

4.3 完善相应的法律法规

完善我国关联交易的法律法规,应从维护中小股东的利益出发,将关联方关系和关联交易的规范上升到《公司法》和《证券法》的层次。具体来说,在《公司法》中,应明确控股股东的诚信义务;建立重大关联交易“股东大会批准制度”,强化关联股东表决回避制度;规定控股股东的民事赔偿义务和补偿责任。在《证券法》中,应建立完善的关联交易信息披露制度和相应救济措施。

完善上市公司关联交易的信息披露制度,关键是规范有关定价政策的披露。集团公司通过不公平关联交易侵害上市公司的利益,最终要通过扭曲的定价政策来实现。但现行会计准则并未对定价政策作出明确规定,这给集团公司侵占上市公司的利益留有很大的空间。为了避免扭曲的定价,要求上市公司在财务报告中详细披露关联交易定价的基本要素,包括价格的制定方法、成本或市价、净利润和毛利润、选择该方法的理由、与公平市价的差异及其对财务报表的影响等信息,并提供有独立财务顾问签发的关于关联交易是否公平的声明。上市公司还应该在会计报表中补充披露市场公允价格或者中介机构的评估价值,以及关联交易结算价格,以增强会计信息的可比性和可信度,保护中小投资者的利益及国家的利益。此外,应加大对违规行为的处罚力度。对于上市公司故意将某些关联交易信息隐瞒不报或拒不披露的情况,应制定相应的惩罚细则,加大处罚力度。对上市公司的违规行为,不仅要处罚上市公司,更要对公司董事会和相关责任人进行严厉处罚,这样才能有效地遏制上市公司管理层的肆意违规行为,维护证券市场的正常秩序,保护广大投资者特别是中小投资者的合法权益。

4.4 加强对新上市公司的审核管理

为了减少上市公司对集团公司的依赖性,确保上市公司具有独立完整的生产线和具有独立面向市场的经营能力，对于资产规模相对较小、净资产在十几亿元以下的企业进行改制时，完整生产线必须全部进入拟上市公司；对于资产规模庞大、净资产高达几十亿元的特大型企业进行改制时，应确保上市公司的供应或者销售中的一个方面具有独立面向市场的能力，坚决禁止拿出长流程生产线的中间一段进行改制，两头面向集团公司的不正常情形，这样可以最大限度地减少上市公司与集团公司将来发生不公平关联交易的可能性。

参 考 文 献(小二号黑体)

[1] 秦江萍. 加强关联交易监管,保护中小股东利益[J]. 现代管理科学,2004(5):47-53.

[2] 刘晓燕. 我国上市公司关联交易若干问题分析[J]. 北方工业大学学报,2003(6):34-36.

[3] 司艳萍,杨长青. 股份公司关联交易泛滥解析和对策[J]. 广西民族学院学报(社会科学专辑),2001(12):45-46.

[4] 陈树清. 我国上市公司关联交易及其规范[J]. 税务与经济,2003(3):37-38.

[5] 柳经纬. 上市公司关联交易的法律问题研究[M]. 厦门:厦门大学出版社,2001.

[6] 姚圣. 我国上市公司关联交易中存在的问题与对策[J]. 内蒙古煤炭经济,2004(3):29-30.

致　　谢（小二号黑体）

本论文是在指导老师张罗教授的悉心指导下完成的，在此，谨向辛勤的导师张罗教授表示衷心的感谢和崇高的敬意！（小四号宋体）

在论文的撰写过程中，得到了实习单位的领导和同事们的大力支持，得到了任课老师和长沙理工大学继续教育学院各位老师们的关心和教导，得到了同班同学们的热情帮助，在此一并表示最诚挚的谢意！

长沙理工大学继续教育学院

2012 届本科毕业设计

题目 邵永高速公路K45+900~K47+300段路基路面综合设计

所在函授站 河南交通职业技术学院

班　　　级 河南交职院2010土木

学　　　号 2010 KAH 11032

姓　　　名 霍亚东

指 导 教 师 魏建国

2012年4月

邵永高速公路K45+900~K47+300段路基路面综合设计

所在函授站 河南交通职业技术学院

班　　级 河南交职院2010土木

学　　号 2010 KAH 11032

姓　　名 霍亚东

指导教师 魏建国

完成日期 2012年4月

附件三　毕业设计示例

（见后插页）